# Eröffnungsfallen am Schachbrett

Von

Eugen Snosko-Borowsky

Nach der englischen Ausgabe neu bearbeitet von

Albert Becker-Wien

Mit 212 Beispielen
und vielen Diagrammen

BERLIN 1939
WALTER DE GRUYTER & CO.
vormals G. J. Göschen'sche Verlagshandlung – J. Guttentag, Verlagsbuchhandlung – Georg Reimer – Karl J. Trübner – Veit & Comp.

Archiv-Nr. 53 27 38 / Printed in Germany
Druck von Metzger & Wittig in Leipzig

# Vorwort

Uralt ist die Klage des minder geübten Schachfreundes darüber, daß er in der Eröffnung des Schachkampfes von allzu vielen Gefahren bedroht sei und oft in entscheidenden Nachteil gerate, bevor die Partie so recht begonnen habe. Dem soll dieses Werk abhelfen. Es soll ihn mit den gebräuchlichsten Eröffnungsfallen vertraut machen und darüber hinaus befähigen, selbst solche Fallen zu stellen und Eröffnungsfehler des Gegners auszunützen. Daß es sich dabei nicht um trockene Gelehrsamkeit handelt, sondern daß der lernende Schachfreund seine helle Freude haben wird, geht aus der Natur der Sache hervor.

Die Grundlage zu diesem Buche bildet ein in englischer Sprache erschienenes Werk „Traps on the Chessboard" des Schachmeisters Eugen Snosko-Borowsky, der als Schachschriftsteller in Deutschland, Frankreich und England den besten Ruf genießt. Wer eines der Werke Snosko-Borowskys, z. B. „Das Mittelspiel im Schach", Verlag Walter de Gruyter & Co., Berlin, bereits kennt, wird sich mit größtem Vergnügen an die unübertreffliche Klarheit und Zielsicherheit erinnern, mit welcher der Verfasser es versteht, vom Einfachsten ausgehend, alle Schwierigkeiten des Schachspiels zu zergliedern und leicht zugänglich zu machen. Die Vorzüge des Stiles Snosko-Borowskys sind auch beim vorliegenden Buche sinnfällig und gestalten es zu einer Quelle schönster Anregung und Belehrung, so daß die begeisterte Aufnahme, die die englische Ausgabe überall gefunden hat, nur selbstverständlich ist.

Meine Arbeit als Übersetzer zielte vor allem darauf hin, die deutsche Bearbeitung bis ins letzte mit dem klaren Geiste Snosko-Borowskys zu erfüllen. Darüber hinaus war es mir möglich, besonders jene Abschnitte des Buches auszubauen, deren Bedeutung für die Spielpraxis sich in den letzten Jahren immer mehr gesteigert hat: Geschlossene Partien und Moderne Eröffnungen. Hier wurde viel Neues geschaffen, und demgemäß hat sich trotz mancher Kürzung im Abschnitt über Offene Partien die Gesamtzahl der Beispiele von 160 auf nicht weniger als 212 erhöht. Die vorliegende deutsche Bearbeitung erhebt demgemäß den Anspruch, eine wesentliche Verbesserung der englischen Ausgabe zu sein, und ich hoffe nur, daß der Leser dies nicht allzu anmaßend finden wird.

Wien, im Dezember 1938

**Albert Becker**

# Inhaltsverzeichnis

## 1. Abschnitt

# Grundgedanken einiger Fallen

Das schnellste Matt auf dem Schachbrett ist allgemein bekannt: 1. g4?, e5 2. f3??, Dh4‡. Diese Züge, über die der schwächste Anfänger nur lächelt, kann man schwerlich eine Falle nennen. Es ist einfach Selbstmord, der Spieler stürzt in eine Grube, die er nicht seinem Gegner, sondern sich selbst gegraben hat. Bei Problemen nennt man dergleichen „Hilfsmatt" und Problemfreunde finden daran Gefallen. Aber sie sind Dichter, die Problemkunst ist die Poesie des Schachspiels. Wir praktischen Spieler sind realistischer und freuen uns keineswegs über den Anblick eines Schachfreundes, der seinen eigenen Untergang vorbereitet, sein eigenes Grab gräbt. Für uns soll es immer Kampf geben: der eine Spieler strebt einem bestimmten Ziele zu, sein Gegner ist mit allen Kräften bemüht, ihn an der Erreichung dieses Zieles zu hindern.

Trotzdem läßt sich aus diesen unsinnigen Zügen etwas lernen. In ihnen taucht ein Gedanke auf, welcher vielen wunderschönen Kombinationen und Fallen zugrunde liegt, die wir in zahlreichen Abarten und sehr vielen Eröffnungen antreffen werden. Es ist das Damenschach auf h4, bzw. durch Weiß auf h5, wenn der feindliche f-Bauer nicht mehr auf seinem Ausgangsfelde steht. Ist dieser Bauer weg, so ist sein König oft durch Drohungen in der Schrägen e1—h4 (bzw. e8—h5) gefährdet.

Ein gutes Beispiel dieser Gefahr ist aus einer netten Partie des Jahres 1932 zu ersehen (Caro-Kann-Verteidigung): 1. e4, c6 2. d4, Sf6 3. Ld3, d5 4. e5, Sfd7 5. e6!, fe6:?? 6. Dh5†, g6 7. Dg6‡, hg6: 8. Lg6: matt.

Verwickelter ist das Beispiel, das durch eine Partie aus der Stadtmeisterschaft von Paris 1931 geboten wird und ein altes Spiel von Greco getreu wiederholt (Damenfianchetto): 1. e4, b6 2. d4, Lb7 3. Ld3, f5 (um sich, wenn dieser Bauer geschlagen wird, auf g2 und h1 schadlos zu halten). 4. ef5:, Lg2: 5. Dh5†, g6 6. fg6:, Sf6?? (richtig ist Lg7).

7. gh7‡, Sh5: 8. Lg6‡.

Noch ein ausgezeichnetes Beispiel dieses mörderischen Damenschachs liefert eine von F. Lazard in Paris 1922 gewonnene Partie (Damenbauerspiel): 1. d4, d5 2. Sd2, Sf6 3. b3, e5 4. de5:, Sg4 5. h3??, Se3 und Weiß gab auf. Seine Dame ist verloren, denn auf 6. fe3: folgt Dh4† und Matt im nächsten Zuge.

In dieser Partie opfert Schwarz den Springer, um der Dame den Weg freizumachen. Er kann anderseits auch die Dame auf h4 opfern, um eine Mattsetzung zu ermöglichen (Abgelehntes Königsgambit): 1. e4, e5 2. f4, Lc5 3. Sf3, d6 4. Sc3, Sc6 5. f5, Sf6 6. h3, d5 7. Se5:? (besser ist 7. d3), Se4: 8. Sf3?, Dh4†! 9. Sh4:, Lf2† 10. Ke2, Sd4† 11. Kd3, Sc5‡.

Matt ist aber nicht die einzige Absicht, die ein Spieler verfolgen kann, wenn er auf h5, bzw. h4, Schach bietet. Er kann auch mit Materialgewinn zufrieden sein. Nehmen wir z. B. an, daß eine schwarze Figur ungedeckt irgendwo auf der fünften Reihe steht und von h5 aus angegriffen werden kann. Dann gewinnt Weiß diese Figur durch das Damenschach auf h5, wie z. B. in der folgenden Partie aus einem russischen Meisterturnier 1934 (Französische Verteidigung): 1. e4, e6 2. d4, d5 3. Sc3, Lb4 4. a3, Lc3‡ 5. bc3:, Sc6 6. Sf3, de4: 7. Sg5, Sge7 8. Lc4, Sa5? 9. Sf7:, Kf7: 10. Dh5† nebst Da5:.

Entsprechend dasselbe gilt für Schwarz auf der 4. Reihe und dem Damenschach auf h4 (Aljechin-Verteidigung): 1. e4, Sf6 2. e5, Sd5 3. c4, Sb6 4. c5, Sd5 5. Sc3, e6 6. Lc4, Sc3: 7. dc3:, Sc6 8. f4?, Se5:! 9. fe5:, Dh4† nebst Dc4:.

Ein solcher Materialgewinn kommt verhältnismäßig selten vor; der gewöhnliche Fall ist der Gewinn des Königsturms und dies im allgemeinen die dem Damenschach zugrunde liegende Absicht. Das nächste Beispiel zeigt die einfachste Form einer derartigen Wendung: 1. e4, e5 2. Sf3, f6? (eine sehr schwache Verteidigung) 3. Se5:, fe5:? (De7 sollte geschehen, obgleich Schwarz in der Entwicklung zurückgeblieben wäre) 4. Dh5†, g6 5. De5‡, De7 6. Dh8: mit Qualitätsgewinn.

Indessen befindet sich die Dame nach dem Turmgewinn auf h8 bzw. h1 oft in gefährdeter Lage und kann manchmal abgefangen werden. Einen sehr klaren Fall zeigt die folgende Kurzpartie: 1. e4, e5 2. Sf3, Lc5 3. Se5:, Lf2‡? 4. Kf2:, Dh4† 5. g3, De4: 6. De2, Dh1: 7. Lg2 und gewinnt. Die Dame ist verloren, wohin immer sie zieht. Der Springer gibt Abzugschach und erobert sie, z. B. 7. ....., Dc1: 8. Sd3†.

Die Wendungen, die im folgenden Beispiel zum Verlust der Dame führen, sind verwickelter, aber umso lehrreicher, denn man sieht, wie die Dame auf h1 unbeweglich steht und auf lange Zeit außer Spiel ist (Abgelehntes Königsgambit): 1. e4, e5 2. f4, Lc5 3. Sf3, Sc6 4. fe5:, Se5:? 5. Se5:, Dh4† 6. g3, De4‡ 7. De2, Dh1: 8. Sf3†, Se7 9. d4, Lb6 10. Le3, d6 11. Sbd2, Lg4 12. 0—0—0, 0—0 13. Df2 und gewinnt.

Daraus ersehen wir, daß es bei einem geplanten Damenschach auf h4 bzw. h5 mit nachfolgendem Turmgewinn nicht genügt, zu erkennen, daß wir den Turm schlagen können. Wir müssen uns auch überzeugen, daß die Dame wieder aus der Ecke herauskommen kann. Ist dies nicht der Fall oder sind wir nicht in der Lage, alle Verwicklungen zu durchschauen, dann lassen wir uns lieber auf diese Unternehmung nicht ein; vielleicht ist sie eine Falle, die uns der Gegner stellt. Wir haben bereits einige Beispiele hierfür gesehen; noch verwickelter sind jene Fälle, in denen der Turmgewinn von einem Springeropfer Se5—g6: (bzw. Se4—g3:) abhängt. Dann wird nicht die Dame gefangen, sondern der mit diesen Schachgeboten und Opferspielen verknüpfte Zeitverlust gewährt dem Gegner andere Vorteile und in manchen Fällen einen siegreichen Angriff.

So gibt es z. B. in der Wiener Partie eine reizende Falle von Würzburger: 1. e4, e5 2. Sc3, Sf6 3. f4, d5 4. fe5:, Se4: 5. d3, Dh4† 6. g3, Sg3: 7. Sf3, Dh5 8. Sd5:, Sh1: (auf 8. ....., Kd8 9. Sf4, Dg4 führt 10. Lh3 zu einem hübschen, unerwarteten Damenfang) 9. Sc7‡, Kd8 10. Sa8:, Lg4 11. Lg2 und der schwarze Springer ist verloren.

Gleiches kann sich in der Spanischen Partie ereignen: 1. e4, e5 2. Sf3, Sc6 3. Lb5, f5 4. Lc6:, dc6: 5. Se5:, Dd4 6. Dh5†?, g6 7. Sg6:, Sf6 8. Dh4, Sg4! 9. Sh8:?, De4‡ und gewinnt. Der König muß ausweichen und 10. ....., Se3† erobert die weiße Dame. In einem Abspiel der Siesta-Variante derselben Eröffnung kommt Weiß, nachdem er den Damenausfall nach h5 unternommen hat, gerade noch zu ewigem Schach: 1. e4, e5 2. Sf3, Sc6 3. Lb5, a6 4. La4, d6 5. c3, f5 6. d4, fe4: 7. Se5:, de5: 8. Dh5†, Ke7 9. Lg5†, Sf6 10. Lc6:, bc6: 11. de5:, Dd5 12. Lh4, Ke6

13. Lf6:, gf6: 14. De8†, Kf5 15. Dh5†, Ke6 16. De8† usw.

Die Ursache ist darin zu suchen, daß der Zug Dh5† bzw. Dh4† unzweifelhaft eine klare Verletzung der Grundregel darstellt, die Dame nicht zu früh in den Kampf zu führen, insbesondere nicht zum Zwecke eines Materialgewinns, der nur auf Kosten wertvoller Zeit erreicht wird. Oft wird dann die Dame durch feindliche Figuren angegriffen, die so ohne Zeitverlust entwickelt werden, während sie selbst zum Rückzug gezwungen ist und neuerlich Zeit verlieren muß. Deshalb kann es nützlich sein, den Gegner zu diesem Damenschach zu verleiten, besonders dann, wenn er ein schwacher Spieler ist — Anfänger können selten der Versuchung widerstehen, ein Schach zu geben.

Die Schwierigkeit ist die, daß es nicht immer leicht festzustellen ist, ob die zum Damenschach verführende Kombination gut oder schlecht ist, ob man für den Gegner eine Falle vorbereitet oder für sich selbst. Das französische Sprichwort: „Dans le doute, abstiens-toi" (Im Zweifel Hände weg!), ist gerade hier mehr denn irgendwo anders anwendbar.

So fragwürdig sind derartige Damenausflüge, daß man sie in einigen Eröffnungen nicht mit der Absicht eines Damenfanges zuläßt, sondern einfach als Verführung, die Dame zu früh ins Gefecht zu bringen. So z. B. im Steinitz-Gambit: 1. e4, e5 2. Sc3, Sc6 3. f4, ef4: 4. d4, Dh4† 5. Ke2; im Läufer-Gambit: 1. e4, e5 2. f4, ef4: 3. Lc4, Dh4† 4. Kf1; ferner in einer modernen Abart des Königsgambits: 1. e4, e5 2. f4, ef4: 3. Sc3, Dh4† 4. Ke2.

Weiter finden sich Fälle, wo die provozierende Absicht so weit geht, daß Opfer an Material angeboten werden, nur damit die Dame bei ihrem verfrühten Ausflug wiederholt Zeit verliert. Als Beispiel betrachtet man in Vorgabepartien mit Bauer und Zug (Bf7 steht nicht am Brett) es als günstig, wenn Schwarz durch Zulassung des Damenschachs noch einen Bauern verliert: 1. e4, c5 2. Dh5†, g6 3. Dc5:. Dasselbe gilt für die folgende Partie mit Vorgabe von Bauer und zwei Zügen (wieder ohne Bf7): 1. e4 und 2. d4, d6 3. Ld3, Sc6 4. e5?, Sd4: 5. Dh5†, g6 6. Lg6‡, hg6: 7. Dh8:, Sc2‡ 8. Kd1, de5‡! 9. Kc2:, Lf5† 10. Kb3, Dd1† 11. Ka3, e6† 12. b4, Dc1‡ 13. Kb3, Dc2† 14. Ka3, a5 und gewinnt. Man betrachte die traurige Rolle, die die weiße Dame auf h8 spielt. Ihr König ist von feindlichen Figuren umzingelt und sogar der schwarze Königsläufer, der gar nicht gezogen hat, beteiligt sich an der Mattsetzung.

* * *

Zwei der angeführten Beispiele zeigen das Opfer eines Springers oder Läufers auf f7 bzw. f2. Dieses Feld ist der schwächste Punkt in der Anfangsstellung jeder Partei und diese Schwäche bildet den zweiten Grundgedanken von verschiedenen Fallen. In vergangenen Zeiten erachtete man das Schlagen des feindlichen Bauern auf f7 bzw. f2, des natürlichen Schutzes seines Königs, für so stark, daß es zu einem wichtigen und wesentlichen Faktor in vielen Eröffnungen wurde. Die Spieler trugen keine Bedenken, eine oder sogar zwei Figuren zu opfern, nur um diesen Bauern wegzuräumen, auch dann, wenn kein direkter Gewinn folgte, sondern nur ein starker Angriff. Als Beispiel das Gambit Muzio-Lolli: 1. e4, e5 2. f4, ef4: 3. Sf3, g5 4. Lc4, g4 5. Lf7‡, Kf7: 6. Se5† (oder sogar 6. 0—0, gf3: 7. Df3:, Wildes Muzio-Gambit). Im Allgaier-Gambit wird der Springer statt des Läufers geopfert: 1. e4, e5 2. f4, ef4: 3. Sf3, g5 4. h4, g4 5. Sg5, h6 6.Sf7:, und dasselbe geschieht im Gambit Hamppe-Allgaier mit Einschiebung des Zugspaares 2. Sc3, Sc6.

In diesen Fällen können wir nicht von einer Falle sprechen, weil die Kombinationen nicht zu einem erzwungenen Gewinn oder auch nur zu einwandfreiem Vorteil führen; Angriff allein ist nicht ausreichend, um ein Opfer als korrekt zu erweisen. Überdies kommt uns das Opfer nicht unerwartet und wir sind bereit, uns gegen den folgenden Angriff zu verteidigen.

Bei anderen Gelegenheiten ist dies aber nicht der Fall und dann dürfen wir mit Recht das Opfer eine Falle nennen. Die erste und häufigste Falle zur Erläuterung dieses Gedankens findet sich in der Preußischen Partie: 1. e4, e5 2. Sf3, Sc6 3. Lc4, Sf6 4. Sg5, d5 5. ed5:, Sd5:? (der richtige Zug ist Sa5) 6. Sf7:, Kf7: 7. Df3†, Ke6 8. Sc3 und der schwarze König ist in der Brettmitte allen möglichen Gefahren ausgesetzt.

Diese Opferkombination erfordert indessen manchmal eine genaue Untersuchung, ob sie wirklich so zwingend und einwandfrei ist, wie sie aussieht. In der Spanischen Partie ist es z. B. keineswegs klar, daß das Opfer tatsächlich zum Gewinn führt: 1. e4, e5 2. Sf3, Sc6 3. Lb5, a6 4. La4, Sf6 5. 0—0, b5 6. Lb3, d6 7. Sg5, d5 8. ed5:, Sd5: (besser ist Sd4) 9. Sf7:, Kf7: 10. Df3†, Ke6 11. Sc3, Sce7 und Schwarz ist besser für die Verteidigung gerüstet, denn er verfügt über die Möglichkeit, Lb7 und b4 zu spielen.

Einem weiteren Beispiel derselben Kombination begegnen wir im Möller-Angriff der Italienischen Partie: 1. e4, e5 2. Sf3, Sc6 3. Lc4, Lc5 4. c3, Sf6 5. d4, ed4: 6. cd4:, Lb4† 7. Sc3, Se4: 8. 0—0, Sc3: 9. bc3:, Le7 (wegen Lc3: siehe S. 29) 10. d5, Sa5 11. d6, cd6: (falls Sc4:, so 12. de7:, Ke7: 13. De2† und gewinnt) 12. Lf7:†, Kf7: 13. Dd5†, Kf8 14. Sg5

14. . . . ., Lg5: 15. Lg5:, De8 (wenn 15. . . . ., Dc7, dann 16. Df5†, Kg8 17. Te1 und gewinnt) 16. Tae1 oder Tfe1, Dg6 17. Te3 und gewinnt. Der Verlust des f-Bauern verdirbt die schwarze Stellung völlig, der König gerät in eine hilflose Lage.

Diese Idee ist mit zwei anderen eng verknüpft. Wir wollen zunächst vom berühmten Matt des Légal sprechen, das hierzulande als Seekadetten-Matt bekannt ist. Hierbei ist der wesentliche Punkt nicht ein Opfer auf f7, sondern ein Opfer der Dame als Einleitung zu einem entscheidenden Königsangriff mittels Läuferschach auf f7 und folgendem Matt auf verschiedenen Feldern, zumeist von d5 aus.

Diese Falle rührt von M. de Kermuy, Sire de Légal, her, der Philidors Lehrer war. Ein Beispiel aus dem Läuferspiel: 1. e4, e5 2. Lc4, d6 3. Sf3, Lg4 4. Sc3, g6? 5. Se5:!, Ld1:? 6. Lf7†, Ke7 7. Sd5‡.

Dieselbe Falle kommt sehr oft in den verschiedensten Eröffnungen vor. Hierfür weitere Beispiele.

Ein Nordisches Gambit, das Falkbeer im Jahre 1847 gewann: 1. e4, e5 2. d4, ed4: 3. c3, dc3: 4. Sc3:, d6 5. Lc4, Sc6 6. Sf3, Lg4 7. 0—0, Se5? 8. Se5:, Ld1: 9. Lf7†, Ke7 10. Sd5‡.

Pillsbury gewann im Jahre 1900 die folgende Wiener Partie: 1. e4, e5 2. Sc3, Sc6 3. f4, d6 4. Sf3, a6 5. Lc4, Lg4 6. fe5:, Se5:? 7. Se5:

7. .... Ld1: 8. Lf7†, Ke7 9. Sd5‡.

Ein Beispiel aus letzter Zeit: 1. d4, Sc6 2. Sf3, d6 3. e3, Lg4 4. Lb5, a6 5. La4, b5 6. Lb3, e5 7. de5:, Se5:? 8. Se5:!, Ld1: 9. Lf7†, Ke7 10. Sc6†, Kf7: 11. Sd8†, Td8: 12. Kd1: mit Vorteil für Weiß.

Eine Abart dieser Falle mit geändertem Matt zeigt das folgende Beispiel, in welchem der Abwechslung halber einmal Schwarz gewinnt (Russische Partie): 1. e4, e5 2. Sf3, Sf6 3. Se5:, Sc6 4. Sc6:, dc6: 5. d3, Lc5 6. Lg5?, Se4:! 7. Ld8:, Lf2† 8. Ke2, Lg4‡.

Ein gleichartiger Gewinn, nur mit vertauschten Farben (Läuferspiel): 1. e4, e5 2. Lc4, Sf6 3. Sf3, Se4: 4. Sc3, Sc3: 5. dc3:, d6 6. 0—0, Lg4? 7. Se5:, Ld1: 8. Lf7†, Ke7 9. Lg5‡.

Wie man sieht, ist dieser Überfall in vielen Formen möglich. Gewöhnlich sind es die Anfänger, die auf diese Art hereinfallen, nicht nur deshalb, weil sie diese Wendung nicht kennen, sondern auch darum, weil sie selbst nicht zu einer derartigen Kombination fähig sind und das angebotene Opfer vertrauensselig annehmen. Der Anfänger hegt dabei die unumstößliche Gewißheit, daß das Opfer ein ebensolches Übersehen ist, wie er es selbst begeht. Indessen können bei verwickelteren Formen auch starke Spieler dieser Kombination zum Opfer fallen, wenn sie zu fest davon überzeugt sind, daß eine gefesselte Figur nicht ziehen kann. Die große Überraschung der Kombination besteht darin, daß der gefesselte und zweimal angegriffene Springer plötzlich doch zieht und die Dame im Stich läßt.

Wenn diese Falle auf der andern, der Damenseite auftritt und nicht zu sofortigem Matt führt, so können sogar Meister ihr Opfer werden. Nachstehend einige Beispiele dieser neuen Form der Kombination.

Eine reizende Partie aus dem Jahre 1896 (Skandinavische Verteidigung): 1. e4, d5 2. ed5:, Dd5: 3. Sc3, Dd8 4. d4, Sc6 5. Sf3, Lg4 6. d5, Se5? (zuerst mußte Schwarz auf f3 tauschen)

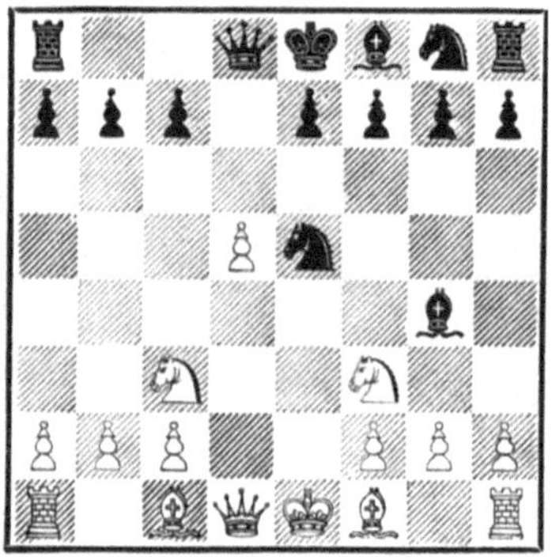

7. Se5:!, Ld1: 8. Lb5†, c6 9. dc6:, a6 10. c7† und gewinnt.

Ein Damengambit, das G. C. A. Oskam im Jahre 1927 gewann: 1. d4, d5 2. c4, Sf6 3. cd5:, Sd5: 4. e4, Sf6 5. Sc3, Sc6 6. Sf3, Lg4 7. d5, Se5? 8. Se5:, Ld1: 9. Lb5†, c6 10. dc6:, Db6 11. cb7‡, Db5: 12. ba8D‡ und Matt im nächsten Zuge.

Eine einfachere Wendung aus der Orthodoxen Verteidigung, wo diesmal der Schwarze seinen Gegner überlistet: 1. d4, d5 2. c4, e6 3. Sc3, Sf6 4. Lg5, Sbd7 5. cd5:, ed5: 6. Sd5:?, Sd5: 7. Ld8:, Lb4† 8. Dd2, Ld2‡ 9. Kd2:, Kd8: und gewinnt.

In der Tarrasch-Verteidigung ist diese Falle ebenfalls anwendbar: 1. d4, d5 2. c4, e6 3. Sc3, Sf6 4. Sf3, c5 5. Lg5, cd4: 6. Sd4:, e5 7. Sdb5, d4 8. Sd5, Sd5: 9. Ld8:, Lb4† 10. Sc3? (richtig ist 10. Dd2, siehe S. 71), 10. ....., dc3: und gewinnt.

Ein wunderschönes Beispiel derselben Kombination kam in der folgenden Partie aus einem Meisterturnier vor (Damenbauernspiel):

1. d4, d5 2. Sf3, c5 3. e3, Sf6 4. dc5:, Da5† 5. Sbd2, Dc5: 6. a3, Dc7 7. c4, dc4: 8. Sc4:, Sc6 9. b4, Lg4 10. Lb2, b5? 11. Sce5, Se5: 12. Se5:, Ld1: 13. Lb5‡, Sd7 14. Ld7‡, Dd7: 15. Sd7:, Lh5 16. Se5 und Weiß gewann. Auf 13. ...., Kd8 (statt Sd7) wäre gefolgt: 14. Td1‡, Kc8 15. La6†, Kb8 16. Sc6†, Dc6: 17. Le5†, Dd6 18. Tc1! und Matt im nächsten Zuge.

Natürlich ist es nicht möglich, sich alle Einzelfälle dieser Kombination zu merken, es ist aber leicht, ihren gemeinsamen Grundgedanken zu behalten. Wenn wir diesen kennen, sind wir immer in der Lage, die kommende Gefahr vorauszusehen und abzuwenden.

Eine andere Kombination, die mit dem Figurenopfer auf f7 eng zusammenhängt, ist die folgende: Schlagen des Bauern f7, um das Feld e6 zu gewinnen. Ein einfaches Beispiel aus der Spielpraxis:

1. e4, d6 2. d4, Sd7 3. Lc4, g6 4. Sf3, Lg7? 5. Lf7‡!, Kf7: 6. Sg5† und Weiß erobert mit 7. Se6 die Dame (Schwarz darf nicht 6. ...., Kf6 ziehen, weil 7. Df3‡ folgt).

Die folgende elegante Partie gewann der berühmte deutsche Problemkomponist Freiherr von Holzhausen (Preußische Partie): 1. e4, e5 2. Sf3, Sc6 3. Lc4, Sf6 4. d4, ed4: 5. Sd4:, d6 6. Sc3, Le7 7. 0—0, 0—0 8. h3, Te8 9. Te1, Sd7?

10. Lf7‡, Kf7: 11. Se6! und gewinnt. Schwarz kann nicht 11. ...., Ke6: spielen, weil 12. Dd5†, Kf6 13. Df5‡ folgt. Man beachte, daß bei dieser Falle der Zug Sd7, der die schwarze Dame einkapselt, eine überragende Rolle spielt.

Der gleiche Gedanke läßt sich auch unter anderen Umständen verwirklichen, wie z. B. in der folgenden Variante des Schottischen Gambits: 1. e4, e5 2. Sf3, Sc6 3. d4, ed4: 4. Lc4, Lc5 5. Sg5, Sh6

6. Dh5, Se5? (De7 ist der korrekte Zug) 7. Se6!, de6: 8. De5: und gewinnt. Schwarz kann nicht zugleich den Läufer c5 und den Springer h6 retten. In diesem Beispiel sehen wir die drei bisher betrachteten Grundgedanken miteinander vereint: Diagonale h5—e8, Feld f7 und Feld e6.

* * *

Haben wir uns bisher vorzugsweise mit der Diagonalwirkung im Kampfe der leichten Figuren beschäftigt, so spielen bei den Fallen in der Brettmitte schwere Figuren mit ihrer Linienwirkung eine wichtige Rolle. Hier gibt es zwei Formen von Kombinationen. In der einen setzt ein Springer matt, sehr oft in Verbindung mit einem aufgedeckten Schach; in der anderen werden die offenen Mittellinien zu einem Matt auf der letzten Reihe benutzt.

Die folgende Falle in der Russischen Partie ist in ihrer Einfachheit klassisch: 1. e4, e5 2. Sf3, Sf6 3. Se5:, Se4:? 4. De2, Sf6? (besser ist De7) 5. Sc6† mit Damengewinn. Das hier vorkommende Abzugschach in der Brettmitte ist besonders gefährlich. Es führt zumeist zu Materialverlust und nicht selten zu Matt.

Beispiele dieser Fallenart sind zahlreich und treten in verschiedenen Eröffnungen auf. Ein einfaches Beispiel: 1. e4, g6 2. Sc3, Sf6 3. Sd5, Se4: 4. De2, Sd6?? 5. Sf6‡. Ein weiteres Beispiel aus dem Königsgambit: 1. e4, e5 2. f4, ef4: 3. Sf3, d5 4. Sc3, de4: 5. Se4:, Lg4 6. De2, Lf3:?? 7. Sf6‡.

Das nächste Beispiel ergibt sich aus Alapins Eröffnung: 1. e4, e5 2. Se2, Sf6 3. f4, ef4: 4. Sf4:, Se4:? 5. De2, De7 6. Sd5, De5 7. Sbc3, c6 8. d4, Df5 9. Se4:, cd5: 10. Sd6† und gewinnt.

Jedermann kann neue Anwendungen dieser Falle ersinnen und sie in fast allen Eröffnungen unter gütiger Mitwirkung des Gegners verwirklichen. Ein Beispiel aus der Spielpraxis (Caro-Kann-Verteidigung): 1. e4, c6 2. d4, d5 3. Sc3, de4: 4. Se4:, Sd7 5. De2, Sgf6?? 6. Sd6‡.

Nun eine 1912 in Brooklyn gespielte Partie (Tenison-Gambit): 1. Sf3, d5 2. e4, de4: 3. Sg5, Lf5 4. Sc3, Sf6 5. De2, c6 6. Sge4:, Sbd7?? 7. Sd6‡.

Ein weiteres Beispiel aus der Skandinavischen Partie: 1. e4, d5 2. ed5:, Dd5: 3. Sc3, Da5 4. Lc4, Sf6 5. d3, Lg4 6. f3, Lh5 7. Ld2, c6 8. De2, Sbd7? 9. Sb5, Dd8? 10. Sd6‡.

Die folgende, von Kostitsch gewonnene Kurzpartie zeigt ein etwas geändertes Mattbild und nicht ganz denselben Gedanken: 1. e4, e5 2. Sf3, Sc6 3. Lc4, Sd4 4. Se5:?, Dg5! 5. Sf7:, Dg2: 6. Tf1, De4‡ 7. Le2, Sf3‡.

Bei der zweiten Form von Fallen in der Brettmitte arbeitet das schwere Geschütz auf den offenen Mittellinien. Hierbei ist es wesentlich, daß der feindliche König nicht mit seinen Figuren wirksam zusammenspielt, sonst klappt die Falle nicht zu. Diese Art von Zentrumsfalle kommt häufiger im Mittelspiel als in der Eröffnung vor; trotzdem ist es nützlich, sie in guter Erinnerung zu behalten.

Von den zahlreichen Beispielen dieser Falle ein besonders schönes (Caro-Kann-Verteidigung): 1. e4, c6 2. d4, d5 3. Sc3, de4: 4. Se4:, Sf6 5. Ld3, Dd4: 6. Sf3, Dd8 7. De2, Lf5 8. Sf6‡, gf6: 9. Lf5:, Da5† 10. Ld2, Df5: 11. 0—0—0, De6 12. Dd3, Da2:??

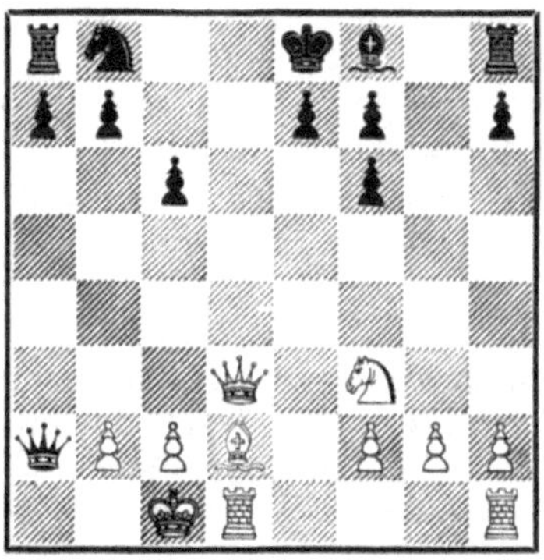

13. Dd8†!, Kd8: 14. La5† nebst 15. Td8‡.

Wahrhaft glänzend ist auch das folgende Beispiel aus der Meisterpraxis (Französische Verteidigung): 1. e4, e6 2. d4, d5 3. Sc3, Sf6

4. ed5:, Sd5: 5. Sf3, c5 6. Sd5:, Dd5: 7. Le3, cd4: 8. Sd4:, a6 9. Le2, Dg2:? 10. Lf3, Dg6 11. Dd2, e5 12. 0—0—0!, ed4: 13. Ld4:, Sc6 14. Lf6!, Df6: 15. The1†, Le7 16. Lc6‡, Kf8 17. Dd8†, Ld8: 18. Te8‡.

Jede Eröffnung hat ihre eigenen Kombinationen und Fallen, die eine besondere Anordnung der Figuren bedingen, und wir werden sie nun sorgfältig und systematisch untersuchen.

## 2. Abschnitt

# Offene Partien

### Spanische Partie

Von den Königsbauer-Eröffnungen ist die Spanische Partie die stärkste und folgerichtigste. Der ihr zugrunde liegende Gedanke ist, den Druck im Zentrum und auf den Punkt e5 möglichst lange aufrechtzuerhalten, so daß Schwarz nahezu gezwungen ist, seinen e-Bauern abzutauschen oder statt dessen andere Nachteile auf sich zu nehmen. Auch gegen die beste Verteidigung hat Weiß das freiere Spiel und behauptet auf lange Zeit den Vorteil des Anzuges. Die Schwierigkeiten, mit denen Schwarz in dieser Eröffnung zu kämpfen hat, haben zweifellos im vergangenen Jahrhundert zur Beliebtheit der halboffenen Verteidigungen nach 1. e4 beigetragen: Sizilianisch, Französisch, Caro-Kann usw. Wir sagen „im vergangenen Jahrhundert", denn heutzutage hat die Behauptung der hypermodernen Schule von der Minderwertigkeit der Königsbauer-Eröffnung zur logischen Folgerung geführt, daß Schwarz mit der Antwort 1. .... e5 es versäumt, aus dem „schwachen" ersten Zuge des Weißen vollen Nutzen zu ziehen.

Keinesfalls darf man aber annehmen, daß Schwarz in dieser Eröffnung verloren sei. Es gibt etliche Verteidigungen, die es ihm ermöglichen, das Gleichgewicht aufrechtzuerhalten und Gegenspiel zu erlangen. Drei Verteidigungssysteme sind heute beliebt. Erstens die sogenannte Steinitz-Verteidigung, in welcher Schwarz so lange wie möglich das Zentrum zu behaupten versucht, indem er 3. ...., d6 4. ...., Ld7 5. ...., Sf6 6. ...., Le7 usw. spielt. Damit behält er zunächst eine gedrückte Stellung und ist in der Folge doch gezwungen, die Mitte aufzugeben. Er erhält aber dafür die halboffene e-Linie für seinen Turm und kann auf den weißen Königsbauern drücken. Diese Verteidigung läßt sich durch den Vorbereitungszug 3. ...., a6 ausbauen, der zu vielen interessanten Abspielen führen kann und dem Schwarzen neue Möglichkeiten bietet. Eine dieser Möglichkeiten bildet die zweite Verteidigung, die von Tschigorin herrührt. Sie besteht aus einer raschen Mobilisierung des Damenflügels und einer Art Angriff durch a6, b5, Sa5, c5 usw., was dem Schwarzen auf diesem Flügel die Initiative verschafft, bevor Weiß Zeit findet, am Königsflügel anzugreifen. Endlich das dritte System, die sogenannte Offene Verteidigung. In dieser beginnt Schwarz nach 3. . . . . , a6 eine mutige Unternehmung im Zentrum (5. . . . . , Se4:) auf Kosten einer gewissen Schwächung seiner Bauernstellung am Damenflügel.

So viele analytische Arbeiten sind der Spanischen Partie gewidmet, so viele schöne Partien sind mit dieser Eröffnung gespielt worden und so inhaltsreich ist sie auch, daß natürlicherweise zahlreiche Kombinationen und Fallen entdeckt wurden. Der Lernende wird großen Nutzen daraus ziehen, wenn er die hier folgenden Beispiele nachspielt, die indessen den verfügbaren Stoff bei weitem nicht erschöpfen. Wir beginnen mit den schlechten Verteidigungen und gehen dann zu den üblichen und korrekten über.

Das erste Beispiel (nach einer Partie zwischen Zukertort und Anderssen, Nr. 1) illustriert die Mortimer-Verteidigung, die schwach, aber nicht so ungünstig ist, wie es sich nach dem zweiten Fehler ergibt. Jedenfalls ist die drastische Bestrafung des Schwarzen nicht danach angetan, zur Anwendung dieser Verteidigung zu ermutigen. Auch in Nr. 2 wird Schwarz für sein sehr schlechtes Spiel schwer gestraft. Nr. 3 zeigt einen verfehlten Versuch des Weißen, auf Materialgewinn zu spielen, und führt zu einem tragischen Schlusse, während eine gesündere Behandlung der von Schwarz gewählten Verteidigung dem Weißen klaren Vorteil eingetragen hätte. Ein weiteres Beispiel, in welchem Weiß auf materiellen statt auf positionellen Vorteil spielt, liefert die Nr. 4. In dem der Spielpraxis entnommenen Beispiel Nr. 5 finden sich reizende Wendungen, wobei der Zusammenbruch des schwarzen Spieles von der durch g6 geschaffenen Schwächung herrührt. Diese schwierige Verteidigung sollte nur von starken Spielern angewendet werden, die sich klar vor Augen halten, daß nach einer Flankierung des Königsläufers die Rochadestellung ohne ihn nicht gut verteidigt werden kann. In Nr. 6 stellte Blackburne seinem Gegner Dr. Aljechin im St. Petersburger Turnier 1914 eine hübsche Falle. Sie zeigt, daß in manchen Varianten die Stellung des weißen Läufers auf b5 nicht immer ganz sicher ist.

Nr. 7 weist auf eine Art von Fehlern hin, die von unerfahrenen Spielern dadurch begangen werden, daß sie zwei Verteidigungssysteme miteinander vermengen. Die Gefahr vorzeitiger Damenausflüge wird in Nr. 8 dargelegt, wo ein zweiter Fehler die Nöte des Schwarzen noch vermehrt. Die Gefahren der nächsten Falle (Nr. 9) scheinen so handgreiflich zu sein, daß es schwer fällt zu glauben, jemand könne so verunglücken. Dieselbe Bemerkung gilt für Nr. 10, die sogenannte Tarrasch-Falle, mit der dieser aber sowohl Zukertort wie Gunsberg hereinlegen konnte.

Nr. 11 bringt die wohlbekannte Breslauer Variante. Dieses Beispiel ist keine eigentliche Falle, aber man muß es kennen, um nicht die Partie zu verlieren, die durch richtige Behandlung gerettet werden kann. Gleiches kann zu Nr. 12 gesagt werden, wo Schwarz mit seinem 11. Zuge fehlgreift. Das Mattbild ist ebenso schön wie unerwartet. Im folgenden Beispiel Nr. 13 versteht Schwarz die Bedeutung eines Zuges des Weißen nicht und verliert dadurch rasch.

Nr. 14 ist eine sehr feine Falle und die Mattwendungen nach dem Opfer der Dame oder des Turms sind prachtvoll. Der Zug 5. Te1 ist indessen nicht der stärkste, den Weiß zur Verfügung hat. 5. d4 ist besser, denn Schwarz kann nach dem Turmzug, wenn er die Falle meidet, leicht gleiches Spiel erlangen. Beispiel Nr. 15 ist eine sehr berühmte und besonders tiefe Falle. Dr. Tarrasch veröffentlichte 1891 eine Analyse darüber und konnte sie ein Jahr später gegen Marco im Dresdner Turnier praktisch anwenden. Die gesamte Wendung ist so plausibel, daß wohl schon Tausende von Spielern sich darin gefangen haben.

Nr. 16 zeigt uns, daß der Vorstoß d5, der gewöhnlich für Schwarz günstig ist und ihm gleiches Spiel einbringt, sorgfältig geprüft werden muß, ob er nicht verfrüht ausgeführt wird und dadurch Nachteile damit verbunden sind. Ähnlich ist das Schicksal des Weißen in Nr. 17, wo er durch die entsprechende Übereilung — verfrühtes d4 — einen Bauern gefährdet. Noch wäre nicht viel verdorben, doch da begeht Weiß einen zweiten Fehler und verliert. Sehr verwickelt und wunderschön ist die nächste Falle Nr. 18, die von Nyholm erstmalig gespielt wurde. Weiß glaubt einen Bauern gewinnen zu können, öffnet aber hierbei sein Spiel und gerät infolge seiner rückständigen Entwicklung in Nachteil.

Dem Beispiel Nr. 19 sollte der Lernende Aufmerksamkeit schenken, um es vermeiden zu lernen, schwachem Spiel auf naheliegende, aber unrichtige Weise zu begegnen. In Nr. 20 ist die Spielführung besonders fein und widerlegt einen ähnlichen Fehler des Weißen wie in Nr. 18. Wenn man eine geschlossene Eröffnung gewählt hat, darf man nicht dem Gegner Linien öffnen. In diesem Beispiel tritt als einzige weiße Figur die Dame in Tätigkeit, sie führt einen verzweifelten Kampf gegen die gesamte schwarze Armee.

**Nr. 1**

1. e2—e4 e7—e5
2. Sg1—f3 Sb8—c6
3. Lf1—b5 Sg8—e7
4. c2—c3 d7—d6
5. d2—d4 Lc8—d7
6. 0—0 Se7—g6
7. Sf3—g5 h7—h6?

Schwaches Spiel in einer ungünstigen Verteidigung. Le7 ist unerläßlich.

8. Sg5—f7:! Ke8—f7:
9. Lb5—c4† Kf7—e7

Nicht viel besser ist 9. ...., Ke8 10. Dh5, Df6 11. f4 usw.

10. Dd1—h5 Dd8—e8

Auf 10. .... Le8 folgt 11. Lg5†, hg5: 12. Dg5‡, Kd7 13. Df5†, Ke7 14. De6‡.

11. Dh5—g5† h6—g5:
12. Lc1—g5: matt.

**Nr. 2**

1. e2—e4 e7—e5
2. Sg1—f3 Sb8—c6
3. Lf1—b5 Sg8—e7
4. c2—c3 a7—a6
5. Lb5—a4 b7—b5
6. La4—b3 d7—d5
7. Dd1—e2 d5—e4:
8. De2—e4: Lc8—f5
9. Sf3—e5:! Lf5—e4:?

Hier muß 9. ...., Se5: 10. De5:, Ld3 geschehen.

10. Lb3—f7: matt.

**Nr. 3**

1. e2—e4 e7—e5
2. Sg1—f3 Sb8—c6
3. Lf1—b5 f7—f5
4. Lb5—c6: d7—c6:
5. Sf3—e5: ....

Weiß spielt nicht auf Bauerngewinn, sondern auf das bekannte und häufig entscheidende Damenschach auf h5 (siehe 1. Abschnitt). Hier ist es falsch, denn Schwarz erlangt einen Angriff, der schließlich sogar zu Damengewinn führt.

5. .... Dd8—d4
6. Dd1—h5†? g7—g6
7. Se5—g6: Sg8—f6
8. Dh5—h4 Sf6—g4
9. Sg6—h8:? ....

Die weiße Stellung ist nicht mehr gut, aber dieser Zug verliert auf der Stelle. Mit 9. Sf4, De4‡ 10. Se2 kann Weiß nicht bloß die Partie zunächst halten, sondern auch dem Gegner eine nette Falle stellen: 10. ...., Dg2: 11. Tg1, Dh2:? 12. Tg4: und Weiß gewinnt.

9. Dd4—e4‡

und gewinnt.

Schwarz erobert auf jeden Königszug mit Se3† die Dame.

**Nr. 4**

1. e2—e4 e7—e5
2. Sg1—f3 Sb8—c6
3. Lf1—b5 Sg8—f6
4. d2—d3 Sc6—e7
5. Sf3—e5:? ....

Ein entscheidender Fehler. 5. Sc3 ist der richtige Zug.

5. .... c7—c6
6. Se5—c4 ....

Auf 6. La4 gewinnt Da5† den Springer. Die letzte Hoffnung des Weißen ist eine Falle ...

6. .... Se7—g6

... welche Schwarz hiermit vermeidet. 6. ...., cb5:? hätte das erstickte Matt 7. Sd6‡ zur Folge.

7. Lb5—a4 b7—b5

und gewinnt.

**Nr. 5**

1. e2—e4 e7—e5
2. Sg1—f3 Sb8—c6
3. Lf1—b5 d7—d6
4. d2—d4 Lc8—d7
5. Sb1—c3 Sg8—e7?
6. Lb5—c4 e5—d4:
7. Sf3—d4: g7—g6

Besser ist 7. ...., Sd4: 8. Dd4:, Sc6.

8. Lc1—g5 Lf8—g7
9. Sc3—d5 Lg7—d4:?

1. Frage*). Wie kann Schwarz sofortigen Verlust vermeiden? (Siehe Stellungsbild)

10. Dd1—d4:! 0—0

Auf 10. ...., Sd4: folgt 11. Sf6†, Kf8 12. Lh6‡.

11. Sd5—f6† Kg8—h8
12. Sf6—g4† Sc6—d4:
13. Lg5—f6† Kh8—g8
14. Sg4—h6‡

In der einen Variante gibt Weiß mit dem Läufer auf h6 matt, während der Springer auf f6 steht, im andern Abspiel gibt der Springer von h6 aus matt und der Läufer steht auf f6. Sehr nett!

**Nr. 6**

1. e2—e4 e7—e5
2. Sg1—f3 Sb8—c6
3. Lf1—b5 Sc6—d4
4. Sf3—d4: e5—d4:
5. 0—0 g7—g6
6. d2—d3 Lf8—g7
7. f2—f4 c7—c6
8. Lb5—c4 d7—d5
9. e4—d5: c6—d5:
10. Lc4—b5† Ke8—f8
11. Sb1—d2? ....

Weiß übersieht die einfache Falle, die ihm der Gegner mit seinem letzten Zuge gestellt hat. Als Folge verliert er den Läufer,

*) Die Antworten auf alle hier und später gestellten Fragen finden sich auf den Seiten 120—124.

der durch den Rückzug nach a4 gerettet werden konnte.

| | | |
|---|---|---|
| 11. | .... | Dd8—a5 |
| 12. | a2—a4 | a7—a6 |
| 13. | Sd2—b3 | Da5—d8 |

mit Figurgewinn.

**Nr. 7**

| | | |
|---|---|---|
| 1. | e2—e4 | e7—e5 |
| 2. | Sg1—f3 | Sb8—c6 |
| 3. | Lf1—b5 | Sg8—f6 |
| 4. | 0—0 | d7—d6 |
| 5. | d2—d4 | Sf6—e4:? |

Ein schlechter Zug. Wenn Schwarz den e-Bauern nehmen wollte, hätte er dies im vorigen Zuge tun sollen, um dann den Springer nach d6 zurückzuziehen (Berliner Verteidigung). Er vermengt zwei Systeme, die Steinitz- und die Berliner Verteidigung, und macht zuerst einen Zug des einen, dann einen Zug des andern Systems. Durch 5. ...., Ld7 konnte er in der regulären Steinitz-Verteidigung verbleiben.

| | | |
|---|---|---|
| 6. | d4—d5 | a7—a6 |
| 7. | Lb5—d3 | Se4—f6? |

Der zweite und entscheidende Fehler. Mit 7. ...., Se7 konnte Schwarz die Figur retten, wenn auch vielleicht nicht die Partie, z. B.: 8. Le4:, f5 9. Ld3, e4 10. Te1, ef3: oder ed3: 11. Df3:, bzw. Dd3: mit sehr starkem Angriff.

| | | |
|---|---|---|
| 8. | d5—c6: | e5—e4 |
| 9. | Tf1—e1 | d6—d5 |
| 10. | Ld3—e2 | e4—f3: |
| 11. | c6—b7: | Lc8—b7: |
| 12. | Le2—b5† | |

Ein bemerkenswertes Beispiel!

**Nr. 8**

| | | |
|---|---|---|
| 1. | e2—e4 | e7—e5 |
| 2. | Sg1—f3 | Sb8—c6 |
| 3. | Lf1—b5 | a7—a6 |
| 4. | Lb5—a4 | Sg8—f6 |
| 5. | Dd1—e2 | Lf8—c5 |
| 6. | c2—c3 | b7—b5 |
| 7. | La4—c2 | d7—d5? |
| 8. | e4—d5: | Dd8—d5: |
| 9. | d2—d4 | Lc5—d6 |

Mit 9. ...., Lb6 würde Schwarz wenigstens den nun folgenden Figurverlust vermeiden, obgleich Weiß mit 10. de5: günstig einen Bauern erobert.

| | | |
|---|---|---|
| 10. | Lc2—b3 | .... |

Wahrscheinlich eine böse Überraschung für Schwarz.

| | | |
|---|---|---|
| 10. | .... | Dd5—e4 |
| 11. | De2—e4: | Sf6—e4: |
| 12. | Lb3—d5 und gewinnt. | |

Wenn Schwarz b5 gezogen hat, hängt die Drohung Ld5 immer in der Luft und er tut gut, sie nie außer Berechnung zu lassen.

**Nr. 9**

| | | |
|---|---|---|
| 1. | e2—e4 | e7—e5 |
| 2. | Sg1—f3 | Sb8—c6 |
| 3. | Lf1—b5 | a7—a6 |
| 4. | Lb5—a4 | Sg8—f6 |
| 5. | 0—0 | Sf6—e4: |
| 6. | d2—d4 | b7—b5 |
| 7. | La4—b3 | d7—d5 |
| 8. | d4—e5: | Sc6—e7 |

Der einzig richtige Zug ist 8. ...., Le6.

| | | |
|---|---|---|
| 9. | Tf1—e1 | c7—c5? |

Der eigentlich entscheidende Fehler. 9. ...., Sc5 wäre besser, obwohl Schwarz Schwierigkeiten hätte, eine befriedigende Stellung zu erlangen, weil sein Königsläufer eingeschlossen ist.

10. Te1—e4:.

Weiß gewinnt mindestens einen Bauern, denn 10. ...., de4:? kommt wegen der Antwort 11. Lf7‡ überhaupt nicht in Frage.

**Nr. 10**

(Bis zum 8. Zuge von Schwarz wie Nr. 9.)

8. .... Lc8—e6
9. c2—c3 Lf8—e7
10. Tf1—e1 0—0
11. Sf3—d4 Dd8—d7?

Verliert auf der Stelle. Der unternehmungslustige Zug 11. ...., Se5: leitet die Breslauer Variante ein (siehe Nr. 11).

12. Sd4—e6: Dd7—e6:
oder f7—e6:
13. Te1—e4: und gewinnt.

**Nr. 11**

(Bis zum 11. Zuge von Schwarz wie Nr. 10.)

11. .... Sc6—e5:
12. f2—f3 Le7—d6
13. f3—e4: Le6—g4
14. Dd1—d2 Dd8—h4
15. g2—g3 Dh4—h5
16. Dd2—g5 Dh5—h3
17. Lb3—d5:? Se5—f3†
18. Sd4—f3: Lg4—f3:
19. Dg5—d2 Ld6—c5†
und gewinnt.

2. Frage. Wo kann Weiß in dieser Breslauer Variante besser spielen und die Partie retten?

**Nr. 12**

(Die ersten 9 Züge wie Nr. 10.)

10. Lc1—e3 0—0
11. Sb1—d2 f7—f5

Sowohl Sc5 als Sd2: sind bessere Züge.

12. e5—f6: Se4—f6:
13. Sf3—g5 Le6—f5?

Es gibt keinen voll befriedigenden Zug, da die Diagonale b3—g8 zu sehr geschwächt ist. Am ehesten geht noch Lf7.

14. Sd2—e4! Sf6—e4:
15. Dd1—d5‡ Kg8—h8?

15. ...., Dd5: 16. Ld5‡, Kh8 17. Se4: ist nicht unmittelbar verderblich, aber Weiß behält bei überlegener Stellung einen Bauern mehr.

16. Dd5—g8† und Matt im nächsten Zuge.

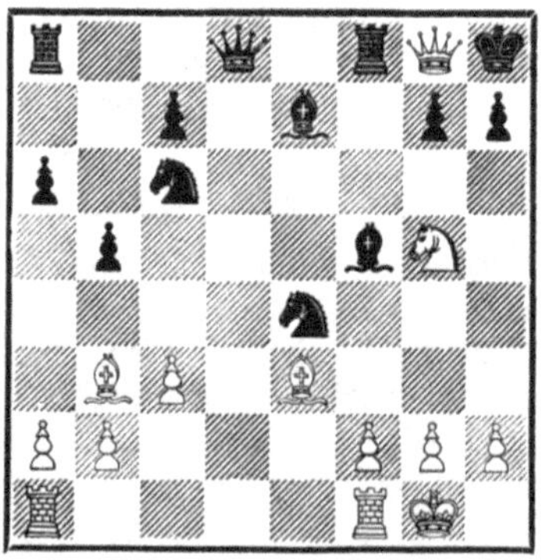

**Nr. 13**

1. e2—e4 e7—e5
2. Sg1—f3 Sb8—c6
3. Lf1—b5 a7—a6
4. Lb5—a4 Sg8—f6

5. 0—0 Sf6—e4:
6. d2—d4 b7—b5
7. La4—b3 d7—d5
8. a2—a4 ....

Dies ist nur gegen einen schwächeren Spieler ratsam.

8. .... b5—b4?

8. ...., Sd4: ist weit besser.

9. a4—a5 Lf8—e7?

Der zweite und entscheidende Fehler. Schwarz versteht die Bedeutung des letzten Zuges von Weiß nicht und stürzt in eine Falle.

3. Frage. Was würden Sie hier für Schwarz vorschlagen?

10. d4—e5: Lc8—e6
11. Lb3—a4.

Schwarz kann Figurverlust nicht vermeiden, auf 11. ...., Dd7 folgt 12. Sd4.

**Nr. 14**

1. e2—e4 e7—e5
2. Sg1—f3 Sb8—c6
3. Lf1—b5 Sg8—f6
4. 0—0 Sf6—e4:
5. Tf1—e1 Se4—d6
6. Sb1—c3 Sd6—b5:
7. Sf3—e5: Sc6—e5:?

7. ...., Sc3:? ist keineswegs besser: 8. Sc6‡, Le7 9. Se7:, Sd1: 10. Sg6†, De7 11. Se7: und gewinnt. Aber der Zug 7. ...., Le7 bringt alles in Ordnung.

8. Te1—e5‡ Lf8—e7
9. Sc3—d5! 0—0
10. Sd5—e7‡ Kg8—h8
11. Dd1—h5 g7—g6

Auf 11. ...., d6 kommt die schöne Schlußwendung 12. Dh7‡, Kh7: 13. Th5‡.

12. Dh5—h6 Tf8—e8
13. Te5—h5 g6—h5:
14. Dh6—f6‡

**Nr. 15**

1. e2—e4 e7—e5
2. Sg1—f3 Sb8—c6
3. Lf1—b5 Sg8—f6
4. 0—0 d7—d6
5. d2—d4 Lc8—d7
6. Sb1—c3 Lf8—e7
7. Tf1—e1 0—0?

Damit stürzt Schwarz in eine Falle, die er am besten mit 7. ...., ed4: vermeiden konnte. Erstaunlich ist die Tatsache, daß der so natürlich aussehende Zug 0—0 zu Nachteil führt, während sogar der nutzlose Zeitverlust 7. ...., a6 kein Material verliert und es Schwarz ermöglicht, die Partie zu halten, wenn auch unter Schwierigkeiten.

8. Lb5—c6: Ld7—c6:
9. d4—e5: d6—e5:
10. Dd1—d8: Ta8—d8:

Auf 10. ...., Tfd8: würde folgen: 11. Se5:, Le4: 12. Se4:, Se4: 13. Sd3, f5 14. f3, Lc5† 15. Kf1, Tf8 16. Ke2, Lb6 17. fe4:, fe4: 18. Sf4, g5 19. Sh3 und gewinnt.

11. Sf3—e5: Lc6—e4:
12. Sc3—e4: Sf6—e4:
13. Se5—d3 f7—f5
14. f2—f3 Le7—c5†
15. Sd3—c5: Se4—c5:
16. Lc1—g5 Td8—d5
17. Lg5—e7 Tf8—e8 oder Tf8—f7
18. c2—c4 und Weiß gewinnt die Qualität.

**Nr. 16**

1. e2—e4 e7—e5
2. Sg1—f3 Sb8—c6
3. Lf1—b5 a7—a6
4. Lb5—a4 Sg8—f6
5. 0—0 Lf8—e7
6. Tf1—e1 b7—b5
7. La4—b3 d7—d6
8. a2—a4 Ta8—b8
9. c2—c3 0—0
10. d2—d3 Lc8—g4
11. Sb1—d2 d6—d5

Zu diesem verfrühten Vorstoß läßt sich Schwarz wahrscheinlich durch die anscheinende Harmlosigkeit der weißen Stellung verleiten. Er sollte 11. ...., Sa5 12. Lc2, c5 spielen.

12. a4—b5: a6—b5:
13. Ta1—a6 Dd8—d7?

Mit 13. ...., de4: konnte Schwarz den folgenden Bauernverlust vermeiden, behält aber die schlechtere Stellung.

14. e4—d5: Sf6—d5:
15. Ta6—c6:! Dd7—c6:
16. Sf3—e5: Lg4—d1:
17. Se5—c6: Ld1—b3:
18. Sc6—b8: mit Vorteil für Weiß.

**Nr. 17**

(Die Arche-Noah-Falle.)

1. e2—e4 e7—e5
2. Sg1—f3 Sb8—c6
3. Lf1—b5 a7—a6
4. Lb5—a4 d7—d6
5. d2—d4 b7—b5
6. La4—b3 Sc6—d4:
7. Sf3—d4: e5—d4:
8. Dd1—d4:? ....

Der eigentliche Fehler, der in ähnlicher Form oft wiederkehrt. 8. Ld5 hätte den Läufer in Sicherheit gebracht.

8. .... c7—c5
9. Dd4—d5 Lc8—e6
10. Dd5—c6† Le6—d7
11. Dc6—d5 c5—c4 und gewinnt.

Als Kuriosum sei erwähnt, daß ein Weltmeister den einfachen Gewinn mit 11. ...., c4 übersah und in seinen Anmerkungen in einem Turnierbuch behauptete, daß Weiß durch Zugswiederholung unentschieden halten könne!

**Nr. 18**

| | | |
|---|---|---|
| 1. | e2—e4 | e7—e5 |
| 2. | Sg1—f3 | Sb8—c6 |
| 3. | Lf1—b5 | a7—a6 |
| 4. | Lb5—a4 | Sg8—f6 |
| 5. | 0—0 | Lf8—e7 |
| 6. | Tf1—e1 | b7—b5 |
| 7. | La4—b3 | d7—d6 |
| 8. | c2—c3 | Sc6—a5 |
| 9. | Lb3—c2 | c7—c5 |
| 10. | d2—d4 | Dd8—c7 |
| 11. | a2—a4 | Ta8—b8 |
| 12. | a4—b5: | a6—b5: |
| 13. | d4—e5: | d6—e5: |
| 14. | Sf3—e5:? | .... |

Weiß glaubt an ein Übersehen des Gegners, irrt sich aber gründlich.

| | | |
|---|---|---|
| 14. | .... | Dc7—e5: |
| 15. | Ta1—a5: | Sf6—g4 |
| 16. | f2—f4 | .... |

Auf 16. g3 erlangt Schwarz mit 16. ...., Dh5 17. h4, Lh4: einen äußerst heftigen Angriff.

| | | |
|---|---|---|
| 16. | .... | De5—c7 |
| 17. | Ta5—b5: | Tb8—b5: |
| 18. | Lc2—a4 | 0—0 |
| 19. | La4—b5: | c5—c4 |

Diese Öffnung der Schrägen a7—g1 (die auch auf 17. Ta1 erfolgt wäre) entscheidet das Spiel zugunsten von Schwarz.

**Nr. 19**

| | | |
|---|---|---|
| 1. | e2—e4 | e7—e5 |
| 2. | Sg1—f3 | Sb8—c6 |
| 3. | Lf1—b5 | a7—a6 |
| 4. | Lb5—a4 | b7—b5 |
| 5. | La4—b3 | Lc8—b7 |
| 6. | d2—d4 | Sc6—d4:? |

Das ist die kritische Stelle. Weiß kann nun mit 7. Lf7‡ gewinnen, z. B.: 7. ...., Kf7: 8. Se5‡, Ke8 9. Dd4: usw. So wie er aber spielt, kommt er in Nachteil.

| | | |
|---|---|---|
| 7. | Sf3—d4:? | e5—d4: |
| 8. | Dd1—d4: | c7—c5 |
| 9. | Dd4—e5† | Dd8—e7 |
| 10. | De5—e7‡ | Sg8—e7: |

Die von Schwarz gestellte Falle, deren Idee dieselbe wie in Nr. 17 ist, hat ihre Schuldigkeit getan. Weiß verliert zumindest seinen e-Bauern.

**Nr. 20**

| | | |
|---|---|---|
| 1. | e2—e4 | e7—e5 |
| 2. | Sg1—f3 | Sb8—c6 |
| 3. | Lf1—b5 | a7—a6 |
| 4. | Lb5—a4 | Sg8—f6 |
| 5. | d2—d3 | d7—d6 |
| 6. | c2—c3 | Lf8—e7 |
| 7. | h2—h3 | 0—0 |
| 8. | Sb1—d2 | b7—b5 |
| 9. | La4—c2 | d6—d5 |
| 10. | Dd1—e2 | Tf8—e8 |
| 11. | 0—0 | Lc8—e6 |
| 12. | e4—d5: | Le6—d5: |
| 13. | Sf3—e5:? | .... |

4. Frage. Was würden Sie hier für Weiß spielen?

| | | |
|---|---|---|
| 13. | .... | Sc6—e5: |
| 14. | De2—e5: | Le7—d6 |
| 15. | De5—g5 | Te8—e5 |
| 16. | Dg5—h4 | Te5—h5 |
| 17. | Dh4—d4 | c7—c5 |
| 18. | Dd4—e3 | Sf6—g4! |

19. De3—e2 ....

Falls 19. hg4:, so 19. ....., Th1† 20. Kh1:, Dh4† nebst Matt in zwei Zügen.

19. .... Th5—h3:

Um auf 20. gh3: mit Lh2‡ mattzusetzen.

20. De2—g4: Th3—h4
21. Dg4—f5 Th4—h1†

Schwarz setzt in weiteren drei Zügen matt.

### Vierspringerspiel

Hier kann man nahezu von einer Eröffnung ohne Kombinationen sprechen. Leicht kommt es zu symmetrischen Stellungen und solche geben keine Gelegenheit zu Fallen. Ruhiges Stellungsspiel ist im spanischen Vierspringerspiel die richtige Strategie, so daß kombinatorische Verwicklungen selten anzutreffen sind. Von allen Eröffnungen ist das Vierspringerspiel wohl die zahmste.

Die folgenden zwei Beispiele sind nicht wirkliche Fallen, sondern ziemlich schwache Spielführung. Nr. 21 zeigt eine für beide Teile schwierige Variante, in welcher Schwarz auf Grund des verfehlten 10. Zuges von Weiß eine Gewinnstellung erlangt. Bis dahin hat Schwarz fast nichts anderes getan, als die Züge des Gegners nachgeahmt. Das zweite Beispiel (Nr. 22) ist einer Turnierpartie zwischen Capablanca und Dr. Tarrasch, St. Petersburg 1914, entnommen und enthält interessante Wendungen.

**Nr. 21**

1. e2—e4 e7—e5
2. Sg1—f3 Sb8—c6
3. Sb1—c3 Sg8—f6
4. Lf1—b5 Lf8—b4
5. 0—0 0—0
6. d2—d3 d7—d6
7. Lc1—g5 Lc8—g4
8. Sc3—d5 Sc6—d4
9. Lb5—c4 ....

5. Frage. Wie kann Weiß auf vorteilhafte Weise verhindern, daß ihm der Gegner alle Züge nachahmt?

9. .... Dd8—d7
10. Sd5—b4:? Lg4—f3:
11. g2—f3: Dd7—h3
und gewinnt.

(Siehe Stellungsbild, S. 23 oben)

**Nr. 22**

(Bis zum 6. Zuge von Schwarz wie Nr. 21.)

6. .... Lb4—c3:

| | | |
|---|---|---|
| 7. | b2—c3: | d7—d5 |
| 8. | Lb5—c6: | b7—c6: |
| 9. | Sf3—e5: | Dd8—d6 |
| 10. | Lc1—f4 | Tf8—e8 |
| 11. | Dd1—f3 | .... |

11. ed5:, Te5: 12. d4 bedeutet wegen 12. ...., Te1! keine Verstärkung.

11. .... d5—e4:

Nun würde 11. ...., Te5: wegen der Antwort 12. d4 schlecht sein.

| | | |
|---|---|---|
| 12. | d3—e4: | Te8—e5: |
| 13. | Tf1—d1 | .... |

Das ist ein Fehler. 13. Tad1 ist der richtige Zug und Schwarz hat dann nichts Besseres als 13. ...., Lg4 14. Dg3, Ld1: 15. Le5:, Sh5 usw.

| | | |
|---|---|---|
| 13. | .... | Lc8—g4 |
| 14. | Df3—g3? | .... |

Dieser zweite Fehler verliert. Nach 14. Td6:, Lf3: 15. Tf6:, gf6: 16. Le5:, Le4: stünde das Spiel gleich.

| | | |
|---|---|---|
| 14. | .... | Lg4—d1: |
| 15. | Lf4—e5: | Dd6—d2! |

Damit droht Matt und Schwarz behält eine Figur mehr. Bei jedem anderen Damenzuge würde er einen Bauern verlieren.

16. f2—f3 Sf6—h5 und gewinnt.

**Italienische Partie**

Die Italienische Partie ist eine der wichtigsten Eröffnungen des Spieles und der Lernende tut gut, sich mit ihren vielen Varianten vertraut zu machen, bevor er zu schwierigeren Eröffnungen wie Spanisch und Damengambit übergeht. Die in der Italienischen geltenden Grundsätze sind im allgemeinen völlig bindend und jedes Zuwiderhandeln kann gewöhnlich in entscheidender Weise geahndet werden. Die Eröffnung weist unzählige Fallstricke für den unerfahrenen Spieler auf und viele schöne Beispiele sind in diesem Buche angeführt.

Welche Art der Spielbehandlung Weiß anstrebt, zeigt sich bereits beim 4. Zuge. Mit 4. c3 bekundet Weiß die Absicht, die Herrschaft über das Zentrum zu erringen, wodurch sich schöne Kombinationswendungen ergeben können. Hingegen sagt Weiß mit 4. d3, daß er überhaupt keinen Ehrgeiz hat oder keine andere Absicht verfolgt, als eine ruhige Partie zu spielen, die mehr dem Vierspringerspiel ähnelt als der eigentlichen Italienischen und ihren beiden Abkömmlingen, der Preußischen Partie und dem Max-Lange-Angriff. Weiß kann auch 4. Sc3 ziehen, was zu ähnlichen Varianten wie nach 4. d3 führt. Eine weitere Möglichkeit ist 4. 0—0, worauf Schwarz am besten 4. ...., d6 antwortet und mit einem Angriff am Königsflügel fortsetzt. Er hat dabei gute Aussichten auf Erfolg, wenn Weiß nicht selbst energisch im Zentrum und auf der f-Linie zum Angriff schreitet.

Sogar die ruhigen Fortsetzungen geben Gelegenheit zu Überfällen und das erste Beispiel (Nr. 23), die „Canal-Falle", zeigt die Nöte des Schwarzen als Ergebnis eines schlecht berechneten Zuges. In Nr. 24 kommt Schwarz auf der Königsseite zu Schaden. Dieses Beispiel weist auf die Gefahren hin, die eine frühzeitige Rochade in der Italienischen Partie sowohl für Schwarz als auch für Weiß mit sich bringt, besonders dann, wenn auch noch die Bauern der Rochadestellung vorgestoßen werden. Beim Nachspielen dieses Beispiels möge der Lernende sorgfältig die Umstände betrachten, die den Angriff des Weißen durchschlagen lassen.

Das nächste Beispiel Nr. 25 ist ein kleines Juwel. Der Plan des Weißen, den feindlichen Königsspringer zu fesseln, ist offenbar nicht günstig, aber die gesamte Spielführung des Schwarzen, die in einem Damenopfer gipfelt, ist zugleich kraftvoll und wunderschön. Wir geben nur das Hauptspiel, doch bereitet es großes Vergnügen, die Nebenspiele selbst auszuarbeiten. Sie sind reizend und dabei nicht schwer zu finden.

Nr. 26 veranschaulicht die Möglichkeiten der Verteidigung 4. ...., De7. Sie ist eine folgerichtige Bekämpfungsart von 4. c3, denn Schwarz vermeidet die aus 4. ...., Sf6 entspringenden Verwicklungen und behauptet seine Zentrumsstellung. In diesem Beispiel ist die mit 10. ...., Lh3: beginnende Kombination geradezu vernichtend und gestaltet die Lage des Weißen hoffnungslos. Bei richtigem Spiel von Weiß führt aber die Verteidigung 4. ...., De7 zu einer lange Zeit hindurch gedrückten Stellung des Schwarzen und Weiß behält die Führung der Partie. Wenn man dies durch Vorstoß der Königsflügelbauern vermeiden will, so zeigt Nr. 27 nach einer Morphy-Partie die Gefahren auf, die auch vor der Rochade daraus entstehen. Ist kein klarer Gewinn zu sehen, so hüte man sich jederzeit vor einem solchen Vormarsch, da sonst die entstehende Schwäche teuer zu stehen kommt.

Die Kombinationsbeispiele Nr. 28—30 erweisen die Stärke von 6. 0—0 (anstatt 6. cd4:). Dieser Zug wird von den Analytikern als minderwertig angesehen, doch ist ihre Begründung nicht überzeugend. Ist auch dieses Gambit nicht ohne Gefahr anwendbar, so sollte doch jeder Anhänger des Gambitspiels es unbedingt versuchen. Er wird sicherlich damit schöne Erfolge erzielen. Alle drei Beispiele enthalten sehr hübsche Wendungen; in Nr. 28 ist besonders das kraftvolle

12. d6 zu beachten, womit das schwarze Spiel vollkommen gelähmt wird. In Nr. 29 ist das Läuferopfer von durchschlagender Kraft, während in Nr. 30 der Zug 15. Tad1 sehr fein ist.

Nr. 31 stammt aus der Spielpraxis und beweist einwandfrei die Minderwertigkeit von 6. ...., Lb6 in der Variante nach 4. c3, Sf6.

Die letzten Beispiele behandeln den bekannten Möller-Angriff. Das erste, Nr. 32, zeigt die Gefahren, wenn man auf Kosten der Entwicklung eine Figur zu gewinnen versucht. Nr. 33 ist mehrere Jahrhunderte alt, eine Entdeckung des Meisters Greco (1600—1641). Es läßt die Schwierigkeiten erkennen, die in der Spielweise 8. ...., Sc3: statt Lc3: enthalten sind. Trotzdem kann Schwarz, wenn er diesen Zug getan hat, den Verlust noch vermeiden, indem er die Verteidigung 10. ...., d5 wählt. In sehr vielen Fällen führt erst der zweite Fehler ins Verderben.

Jeder Spieler, der sich mit diesen Kombinationen vertraut macht, wird damit unter zweitklassigen Gegnern eine Reihe von Schlachtopfern finden und sein Wissen wird sich auch in Turnieren und Wettkämpfen als wertvoll erweisen.

**Nr. 23**

| | | |
|---|---|---|
| 1. | e2—e4 | e7—e5 |
| 2. | Sg1—f3 | Sb8—c6 |
| 3. | Lf1—c4 | Lf8—c5 |
| 4. | d2—d3 | d7—d6 |
| 5. | Sb1—c3 | Sg8—f6 |
| 6. | Lc1—g5 | h7—h6 |
| 7. | Lg5—f6: | Dd8—f6: |
| 8. | Sc3—d5 | Df6—d8 |
| 9. | c2—c3 | Lc8—e6? |
| 10. | d3—d4 | mit Vorteil |

für Weiß.

Falls 10. ...., ed4:, so 11. cd4:, Lb4† 12. Sb4:, Lc4: 13. Sc6:, bc6: 14. Dc2 usw.

**Nr. 24**

| | | |
|---|---|---|
| 1. | e2—e4 | e7—e5 |
| 2. | Sg1—f3 | Sb8—c6 |
| 3. | Lf1—c4 | Lf8—c5 |
| 4. | d2—d3 | Sg8—f6 |
| 5. | Sb1—c3 | 0—0 |
| 6. | Lc1—g5 | h7—h6 |
| 7. | Lg5—h4 | Lc5—b4 |
| 8. | 0—0 | Lb4—c3: |
| 9. | b2—c3: | g7—g5? |

Richtig ist 9. ...., d6.

| | | |
|---|---|---|
| 10. | Sf3—g5:! | h6—g5: |
| 11. | Lh4—g5: | Kg8—g7 |
| 12. | f2—f4 | und gewinnt. |

**Nr. 25**

| | | |
|---|---|---|
| 1. | e2—e4 | e7—e5 |
| 2. | Sg1—f3 | Sb8—c6 |
| 3. | Lf1—c4 | Lf8—c5 |
| 4. | 0—0 | Sg8—f6 |
| 5. | d2—d3 | .... |

Hat man in dieser Eröffnung frühzeitig rochiert, so muß man auf einen Angriff gegen die Königsstellung vorbereitet sein. Das beste Gegenmittel ist der Beginn einer energischen Unternehmung in der Brettmitte, und zwar c3, d4 und wenn möglich auch f4.

| | | |
|---|---|---|
| 5. | | d7—d6 |

6. Lc1—g5 ....

Die Fesselung ist nutzlos, wenn Weiß rochiert hat und Schwarz noch nicht. Schwarz kann seinen Springer leicht entfesseln und zum Angriff schreiten.

6. .... h7—h6
7. Lg5—h4? g7—g5
8. Lh4—g3 h6—h5
9. Sf3—g5: h5—h4
10. Sg5—f7: h4—g3:!

11. Sf7—d8: Lc8—g4
12. Dd1—d2 Sc6—d4
13. Sb1—c3 Sd4—f3†
14. g2—f3: Lg4—f3:
und gewinnt.

**Nr. 26**

1. e2—e4 e7—e5
2. Sg1—f3 Sb8—c6
3. Lf1—c4 Lf8—c5
4. c2—c3 Dd8—e7
5. 0—0 ....

5. d4 ist besser. Nach 5. ..., Lb6 (oder 5. ...., ed4:? 6. 0—0) kann Weiß den Eisinger-Angriff spielen: 6. d5, Sb8 7. d6.

5. .... d7—d6
6. d2—d4 Lc5—b6

Es wäre unlogisch, die Bauern zu tauschen. Der Sinn von De7 ist die Behauptung des Zentrumspunktes e5.

7. h2—h3 Sg8—f6
8. d4—e5:? ....

Dieser Tausch ist nicht gut, er gibt den Druck auf die schwarze Mitte preis.

8. .... Sc6—e5:
9. Sf3—e5: De7—e5:
10. Sb1—d2 Lc8—h3:!

Weiß hat sein Möglichstes getan, um seine Stellung zu verderben. Schwarz erlangt nun siegreichen Angriff.

11. g2—h3: De5—g3†
12. Kg1—h1 Dg3—h3‡
13. Kh1—g1 Sf6—g4
14. Sd2—f3 Dh3—g3†
15. Kg1—h1 Lb6—f2:
und gewinnt.

Dies ist das dritte Beispiel in der Italienischen Partie, wo eine frühzeitige Rochade verliert — und rasch verliert, obgleich die Eröffnung so friedlich aussieht.

**Nr. 27**

(Die ersten 6 Züge wie Nr. 26.)

7. Lc1—g5 f7—f6
8. Lg5—h4 g7—g5?

Obwohl Weiß rochiert hat und Schwarz nicht, ist der Vormarsch in dieser Stellung schlecht, weil Schwarz f6 und nicht h6 gezogen hat. Hierdurch hat er seine Königsstellung und die Schräge e8—h5 geschwächt, deren Bedeutung wir bereits im 1. Abschnitt gesehen haben.

9. Sf3—g5:! f6—g5:
10. Dd1—h5† Ke8—d8
11. Lh4—g5: ....

Zwei Bauern und eine derartige Stellung wiegen wahrlich eine Figur auf!

11. .... Sg8—f6
12. Dh5—h6 Th8—f8
13. f2—f4 e5—d4:
14. e4—e5! d4—c3‡
15. Kg1—h1 c3—b2:

16. e5—f6: Tf8—f6:
17. Dh6—f6: b2—a1:D
18. Df6—a1: und gewinnt.

Ein schöner, unerwarteter Schluß.

**Nr. 28**

1. e2—e4 e7—e5
2. Sg1—f3 Sb8—c6
3. Lf1—c4 Lf8—c5
4. c2—c3 Sg8—f6
5. d2—d4 e5—d4:
6. 0—0 Sf6—e4:?

In diesem und den folgenden zwei Beispielen begeht Schwarz allemal im 6. Zuge einen Fehler. Korrekt ist nur 6. ...., d6 oder 6. ...., d3.

7. c3—d4: Lc5—e7
8. d4—d5 Sc6—b8
9. Tf1—e1 Se4—d6
10. Lc4—b3 0—0
11. Sb1—c3 Sd6—e8
12. d5—d6 ....

Ein sehr hübscher Zug.

12. .... c7—d6:

Falls 12. ...., Ld6:, so 13. Lg5, Sf6 14. Sd5, Sc6 15. Sf6‡, gf6: 16. Lh6 mit siegreichem Angriff. Wenn aber 12. ...., Sd6:, dann 13. Te7:, De7: 14. Lg5, De8 15. Dd3 und gewinnt.

13. Te1—e7: Dd8—e7:
14. Lc1—g5 Se8—f6

15. Sc3—d5 De7—d8
16. Dd1—d4 Sb8—c6
17. Dd4—h4 und gewinnt.

**Nr. 29**

(Bis zum 6. Zuge von Schwarz wie Nr. 28.)

6. .... 0—0?
7. c3—d4: Lc5—b6
8. d4—d5 Sc6—e7
9. e4—e5 Sf6—e8
10. d5—d6 c7—d6:
11. e5—d6: Se7—g6
12. Lc1—g5 Se8—f6
13. Sb1—c3 h7—h6
14. Dd1—d3 Kg8—h7

Oder auch 14. ...., hg5: 15. Dg6:, Sh7 16. Sd5! mit einem reizenden Mattbild nach 16. ...., fg6: 17. Se7†, Kh8 18. Sg6:‡.

15. Lc4—f7:! ....

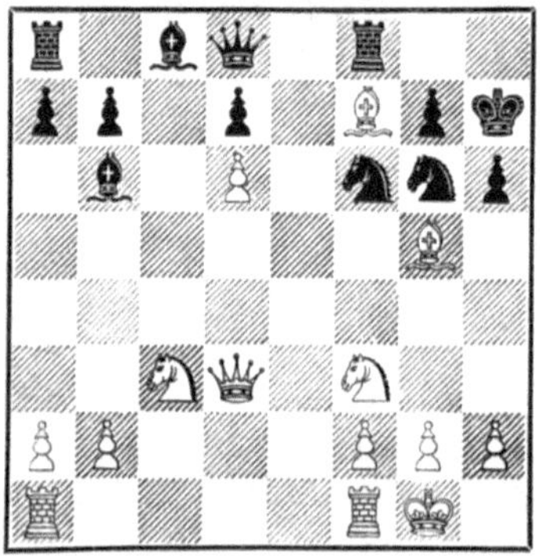

15. .... Tf8—f7:
16. Sf3—e5 h6—g5:
17. Dd3—g6‡ Kh7—g8
18. Dg6—f7‡ und gewinnt.

**Nr. 30**

(Bis zum 6. Zuge von Schwarz wie Nr. 28.)

6. .... d4—c3:?
7. e4—e5 d7—d5
8. e5—f6: d5—c4:
9. Dd1—d8‡ Sc6—d8:
10. f6—g7: Th8—g8
11. Sb1—c3: Tg8—g7:
12. Lc1—f4 Sd8—e6
13. Tf1—e1 c7—c6
14. Sc3—e4 Lc5—e7
15. Ta1—d1! mit gutem Spiel für Weiß.

Falls 15. ...., Sf4:?, dann 16. Sf6†, Kf8 17. Td8†, Ld8: 18. Te8‡.

Dieses Beispiel erinnert an den Max-Lange-Angriff, der bei der Preußischen Partie untersucht werden wird.

**Nr. 31**

1. e2—e4 e7—e5
2. Sg1—f3 Sb8—c6
3. Lf1—c4 Lf8—c5
4. c2—c3 Sg8—f6
5. d2—d4 e5—d4:
6. c3—d4: Lc5—b6?

Der einzig richtige Zug ist hier 6. ...., Lb4†. Wegen dieses Schachs hat Weiß in den Beispielen Nr. 28—30 mit 6. 0—0 fortgesetzt.

7. d4—d5 Sc6—e7
8. e4—e5 Sf6—e4
9. d5—d6 ....

Es ist bemerkenswert, daß dieser Zug in der Italienischen Partie schon mehrmals mit entscheidender Wirkung geschehen ist.

9. .... Se4—f2:
10. Dd1—e2 Sf2—h1:
11. Lc1—g5 Lb6—f2†

Mit der Absicht, der Dame einen Fluchtweg zu eröffnen.

12. Ke1—d1 ....

Nach 12. Kf1 hätte Schwarz in dem Zuge 12. ...., Sf5 eine hübsche Ausrede zur Verfügung. Damit droht er, wenn Weiß die Dame schlägt, ein Springerschach auf e3, während er auf 13. De4 mit einem Springer auf g3 Schach bietet und die Dame gewinnt.

12. .... c7—c6
13. Lg5—e7: Dd8—b6
14. Sf3—g5 Th8—f8
15. De2—h5 g7—g6
16. Dh5—h7: Db6—d4†
17. Sb1—d2 und gewinnt.

**Nr. 32**

(Möller-Angriff.)

1. e2—e4 e7—e5
2. Sg1—f3 Sb8—c6
3. Lf1—c4 Lf8—c5
4. c2—c3 Sg8—f6
5. d2—d4 e5—d4:
6. c3—d4: Lc5—b4†
7. Sb1—c3 Sf6—e4:
8. 0—0 Lb4—c3:
9. d4—d5 ....

9. .... Sc6—e5

6. Frage. Wie kann das Spiel nach 9. ...., Lf6! weiter gehen?

10. b2—c3: Se5—c4:
11. Dd1—d4 Sc4—d6

Ein besserer Zug ist 11. ...., f5.

12. Dd4—g7: Dd8—f6
13. Dg7—f6: Se4—f6:
14. Tf1—e1† Ke8—f8?

Der entscheidende Fehler. Schwarz mußte die gewonnene Figur mit 14. ...., Sfe4 (15. Sd2, f5 16. f3) wieder zurückgeben.

Hingegen ist 14. ...., Kd8? gleichfalls schlecht, es folgt 15. Lg5, Sde8 16. Te8‡, Ke8: 17. Te1†, Kf8 18. Lh6†, Kg8 19. Te5 und Matt im nächsten Zuge.

15. Lc1—h6† Kf8—g8
16. Te1—e5 Sf6—e4
17. Ta1—e1 f7—f5
18. Te5—e7 und gewinnt.

**Nr. 33**

(Bis zum 8. Zuge von Schwarz wie Nr. 32.)

8. .... Se4—c3:
9. b2—c3: Lb4—c3:

Greco, von dem dieses Beispiel herrührt, hat auch 9. ...., Le7 weiter ausgeführt: 10. d5, Sa5 11. d6 usw. Siehe 1. Abschnitt, S. 6.

10. Dd1—b3 Lc3—a1:?

Schwarz stürzt in die Falle. Statt dessen sollte er 10. ...., d5 spielen.

7. Frage. Kennen Sie die Fortsetzung nach 10. ...., d5?

| | | |
|---|---|---|
| 11. | Lc4—f7‡ | Ke8—f8 |
| 12. | Lc1—g5 | Sc6—e7 |
| 13. | Sf3—e5 | La1—d4: |
| 14. | Lf7—g6 | d7—d5 |
| 15. | Db3—f3† | Lc8—f5 |
| 16. | Lg6—f5: | Ld4—e5: |
| 17. | Lf5—e6† | Le5—f6 |
| 18. | Lg5—f6: | und gewinnt. |

## Preußische Partie

Die Preußische Partie ist eine sehr unternehmungslustige Verteidigung des Schwarzen, der in einer Variante gezwungen ist, einen Bauern zu opfern. Trotzdem ist diese Eröffnung durchaus einwandfrei, da die Stellung des Schwarzen den preisgegebenen Bauern vollkommen aufwiegt.

Beispiel Nr. 34 läßt erkennen, daß Schwarz nach seinem Bauernopfer einen wirklich gefährlichen Angriff hat. Nr. 35 ist nicht gerade naheliegend, wurde aber in der Erwartung angeführt, daß seine Kenntnis doch einigen Spielern nützen wird. Nr. 36 zeigt die Gefahren für Schwarz, wenn er den Bauern d5 schlägt. Der Angriff des Weißen ist in diesem Beispiel noch kräftiger als in der üblichen Spielweise ohne Einschiebung des Zugspaares 4. d4, ed4:, die wir bereits im 1. Abschnitt betrachtet haben (S. 6).

Sehr schöne und verwickelte Wendungen zeigt das Fallenspiel des Beispiels Nr. 37, das aus einem britischen Turnier herrührt. Schwarz versäumt in seinem 7. Zuge die richtige Entgegnung und verliert durch einen zweiten Fehler auf ganz unerwartete Weise die Dame. In einem sehr bekannten Lehrbuch hat der Verfasser den Schlußzug 13. Sf6† ebenfalls übersehen. Auch Nr. 38 erfordert genaues Studium, um die schwierigen und interessanten Verwicklungen ganz zu verstehen. Dieses Beispiel folgt einer von Rellstab gewonnenen Partie, die in Berlin 1937 gespielt wurde.

Die Preußische Partie kann in den Max-Lange-Angriff, in das Schottische Gambit oder in die Italienische Partie übergehen und der Leser sollte selbst untersuchen, wie dieser Übergang vor sich geht und wie er sich auswirkt. Die letzte Falle Nr. 39 zeigt eine der vielen Arten, wie Schwarz im Max-Lange-Angriff fehlgreifen kann, wenn er diese schwierige Verteidigung nicht genügend beherrscht.

**Nr. 34**

1. e2—e4 e7—e5
2. Sg1—f3 Sb8—c6
3. Lf1—c4 Sg8—f6
4. Sf3—g5 d7—d5
5. e4—d5: Sc6—a5!
6. Lc4—b5† c7—c6
7. d5—c6: b7—c6:
8. Lb5—a4 ....

Der richtige Zug ist 8. Le2.

8. .... h7—h6
9. Sg5—f3 e5—e4
10. Sf3—e5? ....

Dieser Zug, der beim Läuferrückzug nach e2 jetzt am Platze wäre, ist hier vollkommen falsch und kostet eine Figur.

10. .... Dd8—d4
11. La4—c6‡ Sa5—c6:
12. Se5—c6: Dd4—d5
13. Sc6—a7: ....

Der weiße Springer trachtet sein Leben so teuer wie möglich zu verkaufen. Weiß übersieht aber die noch größere Gefahr.

13. .... Lc8—g4
14. f2—f3 e4—f3:
15. 0—0 Lf8—c5†
16. Kg1—h1 ....

Auf 16. Tf2 folgt 16. ...., Lf2‡ 17. Kf2:, Dd4† und gewinnt.

16. .... f3—g2: matt.

(Siehe Stellungsbild)

Man beachte die wirksame Stellung der schwarzen Figuren, während der weiße Damenflügel ganz unentwickelt ist und der Springer a7 sich völlig verirrt hat.

**Nr. 35**

1. e2—e4 e7—e5
2. Sg1—f3 Sb8—c6
3. Lf1—c4 Sg8—f6
4. Sf3—g5 Sf6—e4:?
5. Lc4—f7‡ Ke8—e7
6. Sg5—e4: Ke7—f7:
7. Dd1—f3† Kf7—g8?

Unbedingt nötig ist hier 7. ...., Ke8.

8. Se4—g5 und gewinnt.

Auf 8. ...., Dg5: folgt 9. Dd5‡.

**Nr. 36**

1. e2—e4 e7—e5
2. Sg1—f3 Sb8—c6
3. Lf1—c4 Sg8—f6
4. d2—d4 e5—d4:
5. Sf3—g5 d7—d5
6. e4—d5: Sf6—d5:?

Die korrekte Fortsetzung ist 6. ...., De7† nebst Se5.

7. Sg5—f7: Ke8—f7:
8. Dd1—f3† Kf7—e6
9. Df3—e4† und gewinnt.

**Nr. 37**

1. e2—e4 e7—e5
2. Sg1—f3 Sb8—c6

3. Lf1—c4 Sg8—f6
4. d2—d4 e5—d4:
5. 0—0 Sf6—e4:

Das Schlagen des zweiten weißen Mittelbauern gibt dem Gegner Gelegenheit zu einem heftigen Angriff und Schwarz muß die richtige Verteidigung gut kennen, wenn er sich darauf einlassen will. Eine vorsichtigere Antwort ist 5. ...., d6.

6. Tf1—e1 d7—d5
7. Sb1—c3 ....

Eine sehr interessante, von Canal herrührende Falle.

7. .... Lc8—e6?

Die beste Antwort, die den Schwarzen in Vorteil bringt, ist 7. ...., dc3: 8. Ld5:, Le6! und falls 9. Te4:, so Se7 und gewinnt.

8. Sc3—e4: d5—c4:
9. Sf3—g5 Lf8—e7
10. Sg5—e6: f7—e6:
11. Dd1—h5† g7—g6
12. Dh5—b5 Dd8—d5?

Verliert auf der Stelle. Schwarz muß rochieren.

13. Se4—f6†! und gewinnt.

**Nr. 38**

(Die ersten 6 Züge wie Nr. 37.)

7. Lc4—d5: Dd8—d5:
8. Sb1—c3 Dd5—a5

Der beste Platz für die schwarze Dame. Den Springer darf Schwarz natürlich nicht schlagen.

9. Sc3—e4: Lc8—e6
10. Se4—g5 0—0—0
11. Sg5—e6: f7—e6:
12. Te1—e6: Lf8—d6
13. Dd1—e2 Da5—h5
14. Lc1—d2? ....

Notwendig ist zunächst der Zug 14. h3.

14. .... d4—d3!
15. De2—e4 ....

Weiß hat sich in einer Falle gefangen. Auf 15. cd3:, Sd4 16. Sd4: folgt Matt in zwei Zügen: 16. ...., Dh2‡ 17. Kf1, Dh1‡.

15. Sc6—d4
und gewinnt.

8. Frage. Wie würden Sie auf 16. Td6: fortsetzen?

**Nr. 39**

(Max-Lange-Angriff.)

1. e2—e4 e7—e5
2. Sg1—f3 Sb8—c6
3. Lf1—c4 Sg8—f6
4. d2—d4 e5—d4:
5. 0—0 Lf8—c5
6. e4—e5 d7—d5
7. e5—f6: d5—c4:
8. Tf1—e1† Lc8—e6
9. Sf3—g5 Dd8—d5

Mit 9. ...., Df6:? stürzt Schwarz in die Falle 10. Se6:, fe6:

11. Dh5† und Weiß gewinnt den Läufer c5.

10. Sb1—c3 Dd5—f5
11. Sc3—e4 Lc5—f8?

Die Fortsetzungen 11. . . . . , Lb6 oder 11. . . . . , 0—0—0 sind besser.

12. Sg5—f7: Ke8—f7:
13. Se4—g5† Kf7—g8
14. g2—g4 . . . .

(Siehe Stellungsbild)

14. . . . . Df5—g4†?
15. Dd1—g4: Le6—g4:
16. f6—f7‡

Ersticktes Matt mit dem Bauern!

### Schottisches Spiel und Gambit

Die Schottische Partie wird in modernen Turnieren oder Wettkämpfen nicht sehr häufig angewandt, weil die Verteidigung durch Schwarz verhältnismäßig leicht zu führen ist und Weiß keinen ausreichenden Anzugsvorteil erlangt. Schwarz kann auf etliche Arten hereinfallen; wenn er die Gefahr aber kennt, sichert er sich ein freies, bequemes Spiel.

Das Schottische Gambit liefert für den geopferten Bauern einen starken Angriff und Schwarz kann in ernste Schwierigkeiten geraten, wenn er nicht mit der Verteidigung wohl vertraut ist. Vermeidet er aber die zahlreichen Fallgruben, die seinen Weg gefährden, so erlangt er schließlich das bessere Spiel.

Die Falle Nr. 40 zeigt, wie gefährlich es ist, die Entwicklung zu vernachlässigen, um dafür Bauern zu gewinnen. Das Opfer des Damenturms in Nr. 41 ist sehr nett, wird aber erst durch einen verfehlten Damenzug ermöglicht. Eine eigenartige Sache ist Nr. 42, wo Schwarz ein paar Bauern gewinnt, aber eine Figur verliert. Der Fehler ist im 8. Zuge von Schwarz zu suchen. Das interessanteste Beispiel ist Nr. 43, wo Weiß auf Bauerngewinn spielt. Anstatt nun einen starken Angriff einzuleiten, stellt Schwarz dem Gegner eine Falle und hat Erfolg.

Eine gründliche Zerstörung der Bauernstellung am schwarzen Damenflügel zeigt Nr. 44, wo ein sorgloser Zug zu einem verlorenen Endspiel führt. Im nächsten Beispiel Nr. 45 werden die Manöver der schwarzen Dame durch sehr hübsches Gegenspiel vollständig widerlegt, während in Nr. 46 ein verfrühter Angriff des Weißen scheitert. In Nr. 47 schließlich erzwingt Weiß auf sehr elegante Art ein Remis durch ewiges Schach.

**Nr. 40**

1. e2—e4 e7—e5
2. Sg1—f3 Sb8—c6
3. d2—d4 e5—d4:
4. Lf1—c4 Lf8—b4†
5. c2—c3 d4—c3:
6. 0—0 c3—b2:?

Schwarz lenkt die Partie ins Nordische Gambit über, aber in eine höchst unbefriedigende Variante.

7. Lc1—b2: Sg8—f6
8. Sf3—g5 0—0
9. e4—e5 d7—d5
10. e5—f6: d5—c4:
11. Dd1—h5 h7—h6

Falls 11. ...., Lf5, so 12. fg7:, Te8 13. Df7: matt.

12. Sg5—e4 und gewinnt.

**Nr. 41**

(Bis zum 6. Zuge von Schwarz wie Nr. 40.)

6. .... Dd8—f6?

Im Schottischen Gambit der ungünstigste Platz für die Dame.

7. e4—e5 c3—b2:
8. e5—f6: b2—a1:D
9. Dd1—e2† Ke8—f8
10. Lc1—b2 und gewinnt.

(Siehe Stellungsbild)

**Nr. 42**

1. e2—e4 e7—e5
2. Sg1—f3 Sb8—c6
3. d2—d4 e5—d4:
4. Sf3—d4: Lf8—c5
5. Lc1—e3 Dd8—f6

6. c2—c3 Sg8—e7
7. Sb1—d2 Sc6—d4:

Nicht 7. ...., Ld4: 8. cd4:, Sd4:? wegen 9. e5, De5: 10. Sc4 und Weiß gewinnt.

8. e4—e5 Df6—e5:?

Schwarz fällt herein. Mit dem Zwischenschach 8. ...., Sc2† 9. Dc2:, De5: konnte er ein ausgezeichnetes Spiel erlangen.

9. c3—d4: Lc5—d4:
10. Sd2—c4 und gewinnt.

**Nr. 43**

(Die ersten 6 Züge wie Nr. 42.)

7. Dd1—d2 0—0
8. Sd4—b5 Lc5—e3:
9. Dd2—e3: Df6—e5?

Eine Falle. Mit 9. ...., d5! kann Schwarz ein prächtiges Spiel mit derartigen Angriffsmöglichkeiten erlangen, daß Weiß am besten tut, nicht den geplanten Bauernraub auszuführen, sondern mit 10. Sd2 fortzusetzen.

10. f2—f4?

Weiß strauchelt. Der richtige Zug ist 10. Sd2, womit 11. Sf3 droht.

10. .... Se7—d5!
11. f4—e5: ....

Da der Bauer f4 zweimal angegriffen ist, darf die weiße Dame nicht ziehen.

11. .... Sd5—e3:

Schwarz droht Sc2† oder Se5: und steht sehr gut.

**Nr. 44**

1. e2—e4 e7—e5
2. Sg1—f3 Sb8—c6
3. d2—d4 e5—d4:
4. Sf3—d4: Lf8—c5
5. Lc1—e3 ....

9. Frage. Wenn Weiß die Reihenfolge der Züge vertauscht und zuerst 5. c3 spielt, wie kann Schwarz diesen Fehler ausnützen?

5. .... d7—d6?
6. Sd4—c6: b7—c6:
7. Le3—c5: d6—c5:
8. Dd1—d8‡ Ke8—d8:
9. Sb1—d2.

Weiß sollte das Endspiel ohne Schwierigkeit gewinnen.

**Nr. 45**

1. e2—e4 e7—e5
2. Sg1—f3 Sb8—c6
3. d2—d4 e5—d4:
4. Sf3—d4: Dd8—h4
5. Sd4—b5 Lf8—b4†
6. c2—c3 Dh4—e4‡
7. Lc1—e3 Lb4—a5
8. Sb1—d2 De4—d5?

10. Frage. Welchen Rückzug für die Dame würden Sie vorschlagen?

9. Sd2—c4 Dd5—d1‡
10. Ta1—d1: Ke8—d8
11. Sc4—a5: Sc6—a5:
12. Le3—f4 d7—d6

13. Sb5—c7:! Kd8—c7:
14. Td1—d6: Sa5—c6

Falls 14. ...., b6, so 15. Lb5, Kb7 16. b4 und gewinnt.

15. Td6—d5† Kc7—b6
16. Td5—b5† Kb6—a6
17. Lf4—c7 b7—b6
18. Tb5—b6‡ Ka6—a5
19. Tb6—a6‡

**Nr. 46**

1. e2—e4 e7—e5
2. Sg1—f3 Sb8—c6
3. d2—d4 e5—d4:
4. Sf3—d4: Sg8—f6
5. Sd4—c6: b7—c6:
6. Lf1—d3 d7—d5
7. e4—e5 ....

Der beste Zug ist hier 7. ed5:.

7. Sf6—g4

8. 0—0 Lf8—c5
9. h2—h3 Sg4—e5:
10. Tf1—e1 Dd8—f6
11. Dd1—e2 0—0
12. De2—e5:? ....

Die beiden letzten Züge des Weißen waren nicht gut. Man beachte den ganz unentwickelten Damenflügel!

12. .... Df6—f2‡
13. Kg1—h1 Lc8—h3:!
14. g2—h3: Df2—f3†
15. Kh1—h2 Lc5—d6 und gewinnt.

**Nr. 47**

1. e2—e4 e7—e5
2. Sg1—f3 Sb8—c6
3. Sb1—c3 Sg8—f6
4. d2—d4 e5—d4:
5. Sf3—d4: ....

Das Schottische Vierspringerspiel.

5. .... Lf8—b4
6. Sd4—c6: b7—c6:
7. Lf1—d3 d7—d5
8. e4—d5: c6—d5:
9. 0—0 0—0
10. Lc1—g5 Lc8—e6
11. Dd1—f3 Lb4—e7
12. Tf1—e1 h7—h6
13. Lg5—h6: g7—h6:
14. Te1—e6: ....

14. .... f7—e6:
15. Df3—g3† Kg8—h8
16. Dg3—g6 Dd8—e8
17. Dg6—h6‡ Remis.

Obige Züge sind die einer in Moskau 1913 gespielten Partie Dr. Aljechin—Dr. Lasker. Andere Partien, wie z. B. Romanowsky—Capablanca aus dem Moskauer Turnier 1925 haben nahezu denselben Verlauf genommen.

## Englisches Springerspiel

Mit dieser Eröffnung, die vielfach auch nach Ponziani benannt wird, versucht Weiß ein Bauernzentrum zu errichten. Er verliert indessen mit 3. c3 ein Entwicklungstempo und Schwarz sollte keine Schwierigkeiten haben, das Spiel auszugleichen.

Das erste Beispiel (Nr. 48) weist ein sehr interessantes doppeltes Turmopfer auf. Das Versäumnis des Weißen in der Entwicklung seiner Figuren wird von Schwarz schlagend ausgenutzt. In Nr. 49 finden wir die moderne Behandlung dieser Eröffnung. Gestützt auf das geschenkte Tempo läßt sich Schwarz auf ein von Leonhardt erfundenes Gambitspiel ein, das ihm tatsächlich gute Aussichten bietet. Dieses Beispiel, das einem prächtigen Turniersieg Dr. Aljechins folgt, ist trotz des ziemlich schwachen Gegenspiels von Weiß von großer Schönheit.

**Nr. 48**

1. e2—e4 e7—e5
2. Sg1—f3 Sb8—c6
3. c2—c3 d7—d5
4. Dd1—a4 d5—e4:
5. Sf3—e5: Dd8—d5
6. Lf1—b5 Sg8—e7

Der erste Ansturm des Weißen ist damit abgewehrt.

7. f2—f4 Lc8—d7
8. Se5—d7: Ke8—d7:
9. 0—0? ....

11. Frage. Wie kann Weiß an dieser Stelle besser fortsetzen?

9. .... Se7—f5
10. b2—b4 ....

Schwarz drohte soeben 10. ...., Lc5† 11. Kh1, Sg3†! nebst Matt. Was soll man zugunsten einer Eröffnung sagen, wenn Schwarz so früh über derartige Drohungen verfügt?

10. .... a7—a5
11. Kg1—h1 a5—b4:!

12. Da4—a8: Lf8—c5
13. Da8—h8: Sf5—g3†
14. h2—g3: Dd5—h5‡

**Nr. 49**

1. e2—e4 e7—e5
2. Sg1—f3 Sb8—c6
3. c2—c3 d7—d5
4. Dd1—a4 Sg8—f6
5. Sf3—e5: Lf8—d6
6. Se5—c6: b7—c6:
7. e4—e5 ....

Am besten ist 7. d4, de4: 8. La6.

7. .... Ld6—e5:
8. d2—d4 Le5—d6
9. Da4—c6‡ Lc8—d7
10. Dc6—a6 0—0
11. Lf1—e2 Tf8—e8
12. Sb1—d2? ....

Ein sehr schwacher Zug. Weiß sollte rochieren.

12. .... Ta8—b8

Damit droht Schwarz Lb5.

13. a2—a4 Dd8—e7
14. Sd2—f1? ....

Anscheinend erkennt Weiß die drohende Gefahr nicht. Sein Spiel ist aber bereits verloren. Falls z. B. 14. Dd3, dann 14. ...., Lf5 15. De3, Dd7 16. Df3, Lg4 und gewinnt.

14. Ld7—b5 und gewinnt.

## Russische Partie

Die Russische Partie ist keine vollkommen befriedigende Verteidigung, stellt aber eine sehr scharfe Waffe in den Händen eines stärkeren Spielers dar, besonders eines Angriffsspielers. Wählt Schwarz eine ruhige Spielbehandlung, so scheint Weiß einen deutlichen Stellungsvorteil zu erlangen. Aber in den schärferen Varianten kommt Schwarz, wenn auch meistens auf Kosten eines Bauern, zu starkem Gegenangriff, der bei bester Abwehr vielleicht nicht ganz ausreicht, aber sehr gefährlich ist, wenn Weiß nicht ganz auf der Höhe ist. Der Lernende sollte einige Marshall-Partien mit dieser Eröffnung nachspielen, um interessante Beispiele der letzteren Behandlungsart kennenzulernen.

Die ersten zwei Beispiele laufen parallel; im einen gewinnt Weiß durch ein Läuferopfer auf h7, im andern Schwarz durch dasselbe Opfer auf h2. In Nr. 50 ist die Art der weißen Angriffsführung, nachdem Schwarz unbedacht den Bauern c4 geschlagen hat, nicht leicht vorauszusehen. Ein Spieler, der mit der Idee des Läuferopfers auf h7 vertraut ist, wird gleichwohl nicht versäumen, es öfters im voraus zu erwägen. In Nr. 51 finden wir eine tiefe und prächtige Falle, welcher Weiß unerwartet zum Opfer fällt. Die mit 10. ....., Lh2ǂ beginnende Kombination ist sechs Züge lang und kam in einer Wettkampfpartie Janowski—Marshall tatsächlich zur Anwendung. Hier ebenso wie im vorigen Beispiel geht das Spiel wegen eines unberechtigten Bauernraubes verloren.

In Nr. 52 glaubt Schwarz seinem Gegner erfolgreich eine Falle gestellt zu haben, es zeigt sich aber, daß es umgekehrt richtig ist: der Weiße hat den Gegner überlistet.

**Nr. 50**

1. e2—e4 e7—e5
2. Sg1—f3 Sg8—f6
3. Sf3—e5: d7—d6

Ein verhängnisvoller Reinfall wäre 3. ....., Se4:? 4. De2, Sf6? 5. Sc6† und Weiß gewinnt. Siehe 1. Abschnitt, Seite 10.

4. Se5—f3 Sf6—e4:
5. d2—d4 d6—d5
6. Lf1—d3 Lf8—d6
7. 0—0 0—0
8. c2—c4 Lc8—e6
9. Sb1—c3! Se4—c3:
10. b2—c3: d5—c4:?

Alle Vorbedingungen für das Läuferopfer auf h7 sind hier gegeben und Schwarz sollte es voraussehen.

11. Ld3—h7ǂ Kg8—h7:
12. Sf3—g5† Kh7—g8
13. Dd1—c2! g7—g6

Auf 13. ....., Te8 folgt 14. Dh7†, Kf8 15. Te1, Df6 16. d5, Sc6 17. de6:, Dh6 18. e7†, Te7: 19. Se6† mit Damengewinn.

14. Sg5—e6: f7—e6:
15. Dc2—g6ǂ Kg8—h8

16. Lc1—g5 Ld6—e7
17. Dg6—h6† Kh8—g8
18. Dh6—e6‡ Tf8—f7
19. Lg5—e7: Dd8—e7:
20. De6—c8† mit Vorteil für Weiß.

Er bekommt vier Bauern für die geopferte Figur.

**Nr. 51**

(Bis zum 7. Zuge von Schwarz wie Nr. 50.)

7. .... Lc8—g4
8. Tf1—e1 f7—f5

Die letzten drei Züge des Schwarzen sind für Marshalls Angriffsvariante kennzeichnend.

9. c2—c4 0—0
10. c4—d5:? ....

Der entscheidende Fehler. Richtig ist 10. h3.

10. .... Ld6—h2‡!
11. Kg1—h2: Se4—f2:
12. Dd1—e2 Sf2—d3:
13. De2—d3: Lg4—f3:
14. g2—f3: Dd8—h4† und gewinnt.

**Nr. 52**

1. e2—e4 e7—e5
2. Sg1—f3 Sg8—f6
3. d2—d4 d7—d5?

Es ist für Schwarz nicht möglich, sich völlig symmetrisch aufzubauen. Besser ist 3. ...., Se4:.

4. e4—d5: e5—d4:
5. Lf1—b5† c7—c6
6. d5—c6: Dd8—a5†
7. Sb1—c3 b7—c6:

Das Abzugsschach 8. cb7‡ darf Schwarz nicht zulassen. Aber jetzt gewinnt er anscheinend eine Figur.

8. Sf3—d4: c6—b5:?
9. Dd1—f3 ....

Der Schein hat getrogen! Weiß erobert den Turm a8.

9. .... Lf8—b4
10. 0—0 0—0
11. Df3—a8: und gewinnt.

## Philidors Verteidigung

Seit den Tagen Morphys hat die Beliebtheit der Philidor-Verteidigung stark abgenommen; sie gibt dem Schwarzen ein sehr gedrücktes Spiel. Verschiedene Meister haben zu verschiedenen Zeiten versucht, diese Verteidigung in Form der Hanham-Variante neu zu beleben, ihre Bemühungen waren aber nicht von Erfolg begleitet.

Das erste Beispiel Nr. 53 weist eine wunderschöne Abart der sogenannten Seekadetten-Falle (siehe 1. Abschnitt, S. 7) auf, die von Séguin erfunden wurde. Verwickelt ist Nr. 54, wo Weiß nach einem schwächeren Zuge des Schwarzen einen mächtigen Angriff erlangt.

Die nächsten zwei Beispiele erläutern die Hanham-Verteidigung und ihre Gefahren. Der Zug c6, der keine Figur entwickelt, bedeutet einen Zeitverlust und dieser gestattet dem Weißen, durch ein Figurenopfer auf dem kritischen Felde f7 sofort einen starken Angriff einzuleiten. Das Läuferopfer schwächt das Feld e6 und führt manchmal zum Verlust der schwarzen Dame, wie dies in dem von Leonhardt herrührenden Beispiel Nr. 55 auf bemerkenswerte Weise der Fall ist. Auch wenn ein derartiger Gewinn nicht erreichbar ist, kommt Weiß wie in Nr. 56 zu einem mächtigen Angriff, weil Schwarz keine Zeit zur Rochade findet.

Angesichts all dieser in der Philidor-Verteidigung vorhandenen Gefahren ist dem Lernenden zu raten, sie als Schwarzer in ernsten Partien nicht anzuwenden — zumindest so lange nicht, bis er eine ausreichende Spielstärke erlangt hat, um die von Weiß gestellten Fallen zu vermeiden.

**Nr. 53**

1. e2—e4 e7—e5
2. Sg1—f3 d7—d6
3. Lf1—c4 f7—f5?
4. d2—d4 Sg8—f6
5. Sb1—c3 e5—d4:
6. Dd1—d4: Lc8—d7?

Sofort Sc6 ist viel besser.

7. Sf3—g5 Sb8—c6
8. Lc4—f7† Ke8—e7

9. Dd4—f6‡! ....

Die Dame wird geopfert, um den feindlichen Königsspringer zu beseitigen und so Sd5† zu ermöglichen. Die Schlußwendung mit dem Rückzug beider Springer des Weißen ist sehr gefällig.

9. .... Ke7—f6:
10. Sc3—d5† Kf6—e5
11. Sg5—f3† Ke5—e4:
12. Sd5—c3‡.

**Nr. 54**

1. e2—e4 e7—e5
2. Sg1—f3 d7—d6
3. d2—d4 Sg8—f6
4. d4—e5: Sf6—e4:
5. Dd1—d5 Se4—c5
6. Lc1—g5 Dd8—d7?

Richtig ist 6. ...., Le7, z. B. 7. ed6:, Dd6: 8. Sc3, 0—0.

7. Sb1—c3 d6—e5:
8. Lf1—b5 c7—c6
9. Dd5—e5‡ Sc5—e6
10. Ta1—d1.

Die Überlegenheit des Weißen wird bald überwältigend.

12. Frage. Wie würden Sie dieses Spiel fortsetzen?

**Nr. 55**

1. e2—e4 e7—e5
2. Sg1—f3 d7—d6
3. d2—d4 Sb8—d7
4. Lf1—c4 c7—c6

Die zwei letzten Züge bilden die Hanham-Verteidigung. Ihr Grundgedanke besteht darin, das Zentrum nicht aufzugeben, sondern den Bauern e5 durch Dc7 zu stützen.

Wenn statt dessen 4. ...., Le7?, dann 5. de5:, Se5: (noch schlechter ist de5: 6. Dd5 und gewinnt) 6. Se5:, de5: 7. Dh5 mit Bauerngewinn.

5. Sf3—g5 Sg8—h6
6. a2—a4! ....

Weiß bereitet eine Falle vor ...

6. .... Lf8—e7?

... und Schwarz fällt hinein. Er hat die bald ersichtliche Bedeutung des weißen Bauernzuges nicht erkannt.

7. Lc4—f7‡ Sh6—f7:
8. Sg5—e6 ....

(Siehe Stellungsbild)

8. Dd8—a5†

Auf 8. ...., Db6 folgt 9. a5, Db4† 10. c3, Dc4 11. Sc7†, Kd8 12. b3 und die Dame ist gefangen. Dies war der Sinn von 6. a4.

9. Lc1—d2 Da5—b6
10. a4—a5 Db6—b2:
11. Ld2—c3 Db2—b5
12. Se6—c7† und gewinnt.

**Nr. 56**

(Die ersten 5 Züge wie Nr. 55.)

6. 0—0 Lf8—e7

6. ...., Dc7 ist die korrekte Fortsetzung.

7. Sg5—e6! f7—e6:
8. Lc1—h6: g7—h6:?

Falls 8. ...., Sb6, so 9. Lg7:, Tg8 10. Dh5†, Kd7 11. Le6‡ und gewinnt. Noch am erträglichsten für Schwarz ist 8. .... 0—0.

9. Dd1—h5† Ke8—f8
10. Lc4—e6: und Matt im nächsten Zuge.

## Wiener Partie

Die Wiener Partie ist vielleicht nicht vollkommen korrekt, weil sie gegen einen wichtigen Grundsatz für offene Partien verstößt: keine Züge ohne Drohungen zu machen. Trotzdem ist sie im kombinatorischen Sinne ebensogut wie die Italienische oder Schottische Partie und der Lernende sollte sich mit ihren Eigenheiten vertraut machen, da ihre Leitgedanken recht einfach sind.

In Nr. 57 opfert Weiß einen Bauern und die Qualität für einen ausgiebigen Stellungsvorteil. Im nächsten Beispiel Nr. 58 werden die Gefahren von 6. Le2 aufgezeigt, obwohl Weiß nach diesem Zuge im allgemeinen noch nicht verloren ist, wenn er sich gut verteidigt.

Einen weiteren Fall eines Versuches, frühzeitig in der Eröffnung einen Bauern zu gewinnen, zeigt Nr. 59; er nimmt wie gewöhnlich ein Ende mit Schrecken. Eine gute Partie aus einem ungarischen Meisterturnier wird in einer Anmerkung als neues Beispiel dieser Falle angeführt. Nr. 60 enthält eine sehr heikle Variante, die von seiten des Verteidigers hohe Aufmerksamkeit erfordert. Die weiße Stellung nach dem 10. Zuge ist überwältigend und das Damenopfer sehr kräftig und nicht mehr überraschend. Eine effektvolle Kombination bietet das letzte Beispiel Nr. 61, wo Weiß die feindliche Dame zu einem Ausflug verleitet, von dem sie nicht mehr zurückkehrt.

### Nr. 57

| | | |
|---|---|---|
| 1. | e2—e4 | e7—e5 |
| 2. | Sb1—c3 | Sg8—f6 |
| 3. | f2—f4 | d7—d5 |
| 4. | f4—e5: | Sf6—e4: |
| 5. | Sg1—f3 | Lf8—b4 |
| 6. | Lf1—e2 | c7—c6? |

Schwarz plant einen kunstvollen Angriff auf den weißen Damenturm, gerät aber in Nachteil, weil Weiß zu einem geistreichen Gegenangriff greift.

| | | |
|---|---|---|
| 7. | 0—0 | Dd8—b6† |
| 8. | d2—d4! | Se4—c3: |
| 9. | b2—c3: | Lb4—c3: |
| 10. | Lc1—a3 | Lc3—a1: |

Diese Wendung erinnert etwas an die Greco-Falle in der Italienischen Partie (Beispiel Nr. 33).

11. Dd1—a1:

Obwohl Weiß Qualität und Bauer weniger hat, wird dies durch seine starke Stellung mehr als aufgewogen.

13. Frage. Wie verteidigt sich Schwarz am besten?

### Nr. 58

| | | |
|---|---|---|
| 1. | e2—e4 | e7—e5 |
| 2. | Sb1—c3 | Sg8—f6 |
| 3. | f2—f4 | d7—d5 |
| 4. | f4—e5: | Sf6—e4: |
| 5. | Sg1—f3 | Lc8—g4 |
| 6. | Lf1—e2 | .... |

Entschieden sicherer ist 6. De2.

| | | |
|---|---|---|
| 6. | .... | Sb8—c6 |
| 7. | d2—d3 | Lg4—f3: |
| 8. | Le2—f3: | Dd8—h4† |

9. g2—g3 Se4—g3:
10. h2—g3: Dh4—g3‡

11. Ke1—f1 ....

Der unnatürlich aussehende Zug 11. Kd2 gewährt dem Weißen eine bessere Verteidigung.

14. Frage. Wie würden Sie daraufhin fortsetzen?

11. .... Lf8—c5
12. d3—d4 Sc6—d4:
13. Lf3—d5: 0—0—0
und gewinnt.

**Nr. 59**

1. e2—e4 e7—e5
2. Sb1—c3 Sg8—f6
3. f2—f4 d7—d5
4. f4—e5: Sf6—e4:
5. Dd1—f3 Sb8—c6
6. Sc3—e4:? ....

6. Lb5 ist die richtige Fortsetzung.

6. .... Sc6—d4
7. Df3—d3 ....

Als Antwort auf 7. Df4 folgte kürzlich in einer Meisterpartie: 7. ...., de4: 8. Lc4, Lf5 9. c3, g5 10. Lf7‡, Kf7: 11. Df2, e3! 12. Df1, ed2‡ 13. Kd1, dc1D‡ 14. Kc1:, g4! und Weiß gab auf.

7. .... d5—e4:
8. Dd3—e4:? ....

Es gibt keine Rettung. Hier eine Partie aus dem Hauptturnier zu Barmen 1905: 8. Dc4, Lf5 9. Da4†, c6 10. Se2, Lc5 11. c3?, b5 12. Dd1, Dh4† und gewinnt (13. Sg3, Lg4).

8. .... Lc8—f5
9. D beliebig Sd4—c2‡
und gewinnt.

**Nr. 60**

1. e2—e4 e7—e5
2. Sb1—c3 Sg8—f6
3. Lf1—c4 Sf6—e4:

Verdient dieser Zug ein Ruf- oder ein Fragezeichen? Wer ist bei dieser Falle der Betrogene?

4. Dd1—h5 Se4—d6
5. Lc4—b3 Lf8—e7

Mit 5. ...., Sc6 kann Schwarz eine Opferwendung einleiten, die ihm einen starken, vielleicht ausreichenden Angriff gewährt: 6. Sb5, g6 7. Df3, f5 8. Dd5, De7 9. Sc7‡, Kd8 10. Sa8:, b6 usw.

6. Sg1—f3 Sb8—c6
7. d2—d3 0—0?

Ähnlich wie in der vorigen Anmerkung ist der Zug g6 unerläßlich.

8. Sf3—g5 h7—h6
9. h2—h4 Sd6—e8
10. Sc3—d5 Se8—f6
11. Dh5—g6! ....

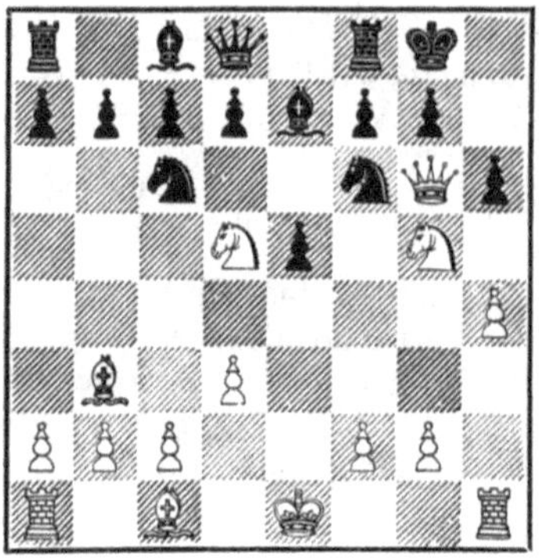

11. .... f7—g6:
12. Sd5—e7† Kg8—h8
13. Se7—g6: matt.

**Nr. 61**

1. e2—e4 e7—e5
2. Sb1—c3 Sb8—c6
3. Lf1—c4 Lf8—c5

Schwarz sollte Sf6 spielen.

4. Dd1—g4 Dd8—f6?

4. ...., Kf8 ist unerläßlich.

5. Sc3—d5 Df6—f2†
6. Ke1—d1 Ke8—f8
7. Sg1—h3 Df2—d4
8. d2—d3 d7—d6
9. Dg4—h4 ....

Sehr stark ist auch 9. Df3, Lh3: 10. Tf1!, Le6 11. c3 und die schwarze Dame ist gefangen.

9. .... Lc8—h3:
10. Dh4—h3: Sc6—a5

Oder 10. ...., Df2 11. Le3, Le3: 12. Se3: und Weiß droht 13. Tf1.

11. Th1—f1 Sa5—c4:
12. Dh3—d7 f7—f6
13. Sd5—f6:! g7—f6:
14. Tf1—f6† und gewinnt.

## Mittelgambit

Obwohl der Weiße schon viele glänzende Siege mit dieser Eröffnung errungen hat, ist sie dennoch kaum zu empfehlen, denn Schwarz gewinnt durch Angriff auf die Dame ein Tempo und sollte sich mühelos Ausgleich sichern. Die hauptsächliche Schwierigkeit für den Nachziehenden ist die Möglichkeit eines starken Angriffes gegen seine Rochadestellung. Eine unscheinbare Unterlassung oder auch nur eine Umstellung von Zügen von seiten des Schwarzen kann ins Verderben führen.

Genau dies ereignet sich im ersten Beispiel Nr. 62, wo die Rochade des Schwarzen ein Fehler ist. In Nr. 63 wählt Schwarz in derselben Variante eine spitzfindige Spielbehandlung, doch kann eine derartige Fallentaktik in dieser Eröffnung nicht angeraten werden. Ruhige Stellungsbehandlung ist die beste Strategie für Schwarz.

Im Beispiel Nr. 64, das einer berühmten Turnierpartie zwischen W i n a w e r und S t e i n i t z, Nürnberg 1896, entnommen ist, verliert Schwarz dadurch, daß er ein Bauernopfer annimmt. Sehr hübsch ist schließlich Nr. 65, wo Schwarz auf zwei verschiedene und doch ähnliche Arten mit Springerschach die Dame gewinnt.

**Nr. 62**

1. e2—e4 e7—e5
2. d2—d4 e5—d4:
3. Dd1—d4: Sb8—c6
4. Dd4—e3 Sg8—f6
5. Lc1—d2 ....

Vermeidet die bekannte Fortsetzung 5. e5, Sg4 6. De4, d5 7. ed6‡, Le6 8. dc7:, Dd1† 9. Kd1:, Sf2‡ nebst Se4:.

5. .... Lf8—e7
6. Sb1—c3 d7—d5
7. e4—d5: Sf6—d5:
8. De3—g3 0—0?

Richtig ist der von Leonhardt angegebene Zug 8. ...., Scb4 mit der Falle: 9. 0—0—0, Sc3:! usw.

9. Ld2—h6 Le7—f6
10. 0—0—0

Weiß kommt durch die Fesselung auf der d-Linie materiell in Vorteil.

**Nr. 63**

(Bis zum 7. Zuge von Schwarz wie Nr. 62.)

7. .... Sc6—b4

Für dieses Fallenspiel ist die schwarze Stellung nicht sicher genug.

8. 0—0—0 Sf6—d5:
9. Sc3—d5: Sb4—a2‡
10. Kc1—b1 Dd8—d5:

(Siehe Stellungsbild)

11. b2—b3 ....

Am besten. Auf 11. c4 erlangt Schwarz mit 11. ...., Dc6 einen

gefährlichen Angriff mit folgenden Möglichkeiten: 12. Ka2:?, Da4† nebst Dd1‡ oder 12. Db3, Lf5† 13. Ka2:?, Da6† und gewinnt.

11. .... Sa2—b4
12. De3—e7‡ Ke8—e7:
13. Ld2—b4‡ Ke7—e6
14. Lf1—c4 und gewinnt.

**Nr. 64**

1. e2—e4 e7—e5
2. d2—d4 e5—d4:
3. Dd1—d4: Sb8—c6
4. Dd4—e3 Sg8—f6
5. Sb1—c3 Lf8—b4

5. ...., Le7 wie in den vorigen Beispielen ist stärker.

6. Lc1—d2 0—0
7. 0—0—0 Tf8—e8
8. Lf1—c4 Lb4—c3:?

Daran geht Schwarz zugrunde. 8. ...., Se5 ist der korrekte Zug.

9. Ld2—c3: Sf6—e4:
10. De3—f4 Se4—f6
11. Sg1—f3 d7—d6
12. Sf3—g5 Lc8—e6

13. Lc4—d3 h7—h6
14. h2—h4 mit überwältigendem Angriff.

**Nr. 65**

1. e2—e4 e7—e5
2. d2—d4 e5—d4:
3. Dd1—d4: Sb8—c6
4. Dd4—e3 Sg8—f6
5. Lf1—c4 Sc6—e5
6. Lc4—b3 Lf8—b4†
7. c2—c3 Lb4—c5!
8. De3—g3? ....

Weiß vermeidet 8. Dc5:?, Sd3†, fällt aber auf andere Art herein. Der richtige Zug ist 8. De2.

8. Lc5—f2‡ und gewinnt.

Auf 9. Df2: folgt Sd3†, auf 9. Kf2: ebenso Se4‡.

## Nordisches Gambit

In der heutigen Zeit, wo sogar ein drittklassiger Spieler zaudert, einen Bauern zu opfern oder auch nur seine Isolierung zuzulassen, ist natürlich das Opfer von zwei Bauern keineswegs beliebt und deshalb ist das Nordische Gambit kaum jemals in Turnieren oder Wettkämpfen anzutreffen. Nichtsdestoweniger führt die Eröffnung zu lehrreichen und unterhaltlichen Wendungen und der Leser wird von den folgenden Beispielen entzückt sein.

Nr. 66 und 67 sind nicht so sehr Fallen als vielmehr Beispiele für vernachlässigte Entwicklung, die eine drastische und wohlverdiente Bestrafung findet. Bei Nr. 68 sind die Rollen vertauscht, Schwarz übt Vergeltung und sehr wahrscheinlich ist die von ihm gewählte Behandlung die bestmögliche gegen das Gambit. Bei einem Versuche, ein schlechter stehendes Endspiel zu vermeiden, läuft Weiß viel schneller ins Verderben.

**Nr. 66**

1. e2—e4 e7—e5
2. d2—d4 e5—d4:
3. c2—c3 d4—c3:
4. Lf1—c4 c3—b2:
5. Lc1—b2: Sg8—f6
6. Sb1—c3 Lf8—b4
7. Sg1—e2 Sf6—e4:?

Schwarz ist zu gierig; er sollte mit zwei Bauern zufrieden sein. Der Raub dieses dritten Bauern kostet ihm sofort die Partie.

8. 0—0 Se4—c3:
9. Se2—c3: Lb4—c3:
10. Lb2—c3: ....

Man sehe das mächtige weiße Läuferpaar! Schwarz hat nicht eine einzige Figur im Spiel und kann auch nicht rochieren, denn auf 10. ...., 0—0 folgt 11. Dg4, g6 12. Dd4 nebst Matt.

10. .... Dd8—g5
11. Tf1—e1† Ke8—d8

Nicht Kf8 wegen 12. Lb4† und Matt in wenigen Zügen.

12. f2—f4 Dg5—f4:

Falls 12. ...., Dc5† 13. Kh1, Dc4:, so 14. Lg7: usw.

13. Lc3—g7: Th8—g8
14. Dd1—g4 Df4—g4:

Wenn 14. ...., Dd6, dann 15. Lf6†, Df6: 16. Dg8: matt.

15. Lg7—f6‡.

**Nr. 67**

(Bis zum 5. Zuge von Schwarz wie Nr. 66.)

5. .... Dd8—g5?

Schwarz ist nicht damit zufrieden, am Damenflügel alle Bauern gewonnen zu haben; er will auch noch die des Königsflügels erobern. Aber wo bleibt die Entwicklung seiner Figuren?

6. Sg1—f3 Dg5—g2:
7. Lc4—f7‡ Ke8—d8

Auf 7. ...., Kf7: gewinnt 8. Tg1, Dh3 9. Sg5† die Dame.

8. Th1—g1 Lf8—b4†
9. Sb1—c3 Dg2—h3
10. Tg1—g3 Dh3—h6
11. Dd1—b3 Lb4—c3‡
12. Db3—c3: Sg8—f6
13. Tg3—g6! ....

Eine bekannte Kombination. Weiß beraubt den feindlichen Springer der Unterstützung durch die Dame.

13. .... h7—g6:?

Die einzige Verteidigung besteht in 13. ...., Se4:.

14. Dc3—f6‡ g7—f6:
15. Lb2—f6: matt.

**Nr. 68**

(Bis zum 5. Zuge von Schwarz wie Nr. 66.)

5. .... d7—d5
6. Lc4—d5: Lf8—b4†

Mit 6. ...., Sf6 kann Schwarz den Gegner listig zu 7. Lf7‡, Kf7: 8. Dd8: einladen. Dann folgt 8. ...., Lb4† und Schwarz gewinnt die Dame zurück; Weiß muß, um Figurverlust zu vermeiden, 9. Dd2 spielen.

7. Ke1—f1 ....

Falls 7. Sc3, dann 7. ...., Lc3‡ 8. Lc3:, Sf6 mit gutem Spiel für Schwarz. Trotzdem ist diese Fortsetzung für Weiß besser als die gewählte.

7. .... Sg8—f6
8. Dd1—a4† Sb8—c6
9. Ld5—c6‡ b7—c6:
10. Da4—b4:? ....

Weiß hat eine Figur gewonnen, aber nun folgt ein rauhes Erwachen. Er glaubt zu schieben und wird geschoben!

10. .... Dd8—d1†
11. Db4—e1 Lc8—a6†
12. Sg1—e2 La6—e2‡
13. Kf1—g1 Dd1—e1‡‡

## Königsgambit

### (Angenommen und abgelehnt)

Das Königsgambit ist heute keine gebräuchliche Eröffnung mehr; es hat im Gewinnsinne nur geringen Wert, weil Schwarz über allzu viele einfache Möglichkeiten verfügt, das Spiel auszugleichen und in manchen Fällen sogar in Vorteil zu kommen. Dennoch gewährt diese uralte Eröffnung dem Lernenden vorzügliche Übung im Kombinationsspiel.

Nr. 69 ist keine eigentliche Falle, sondern bloß schwaches Spiel des Schwarzen im Muzio-Gambit. Bei beiderseits korrektem Spiel führt diese Variante zum Remis, begeht Schwarz einen Fehler — und es gibt viele Möglichkeiten dazu —, so verliert er auf der Stelle. Nr. 70 zeigt die Gefahren für Schwarz, wenn er mit dem Allgaier-Gambit nicht vertraut ist. Nr. 71 ist eine kleine Falle, die in einer modernen Variante vorkommt.

Sehr lehrreich ist das einer Morphy-Partie entnommene Beispiel Nr. 72. In ihm schlägt Schwarz einen Mittelbauern und öffnet so die e-Linie. Dies ist in einer offenen Partie immer gefährlich und ganz besonders im Königsgambit. Endlich Nr. 73 ist der Partie Spielmann—Dr. Tarrasch aus dem Turnier zu Mährisch-Ostrau 1923 entnommen. Lange Zeit galt die Variante als ungünstig für Schwarz, weil der Zug 7. ...., Lf5 eine Figur kostet. In dieser Partie wies aber Dr. Tarrasch nach, daß die Figur ruhig geopfert werden kann, weil Schwarz dann gewinnt.

**Nr. 69**

| | | |
|---|---|---|
| 1. | e2—e4 | e7—e5 |
| 2. | f2—f4 | e5—f4: |
| 3. | Sg1—f3 | g7—g5 |
| 4. | Lf1—c4 | g5—g4 |
| 5. | 0—0 | g4—f3: |
| 6. | Dd1—f3: | Dd8—f6 |
| 7. | e4—e5 | .... |

Weiß opfert den Bauern, um die e-Linie zu öffnen.

| | | |
|---|---|---|
| 7. | .... | Df6—e5: |
| 8. | d2—d3 | Lf8—h6 |
| 9. | Lc1—d2 | Sg8—e7 |
| 10. | Sb1—c3 | Sb8—c6 |
| 11. | Ta1—e1 | De5—f5 |
| 12. | Sc3—d5 | Ke8—d8 |
| 13. | Df3—e2 | .... |

Der Lean-Angriff im Muzio-Gambit.

| | | |
|---|---|---|
| 13. | .... | Se7—d5:? |

Ein sehr schwacher Zug. Mit 13. ...., De6 14. Df3, Df5 kann Schwarz ein Remis durch Wiederholung der Züge ungefähr erzwingen.

| | | |
|---|---|---|
| 14. | Lc4—d5: | Df5—d5: |
| 15. | Ld2—c3. | |

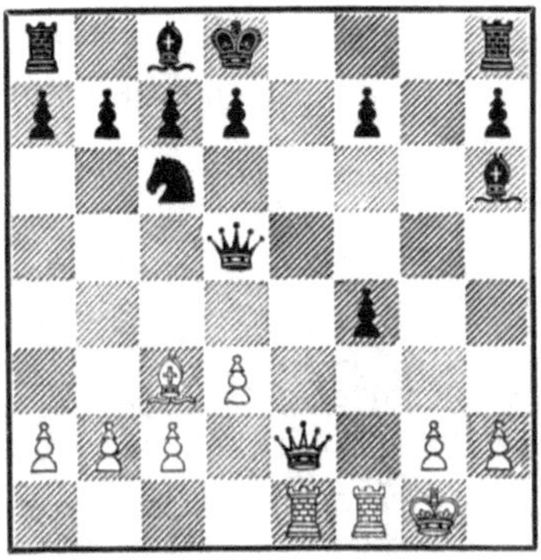

Schwarz ist rettungslos verloren. Ein interessantes Beispiel des Sieges von Entwicklung und Bewegungsfreiheit über die rohe Materie.

**Nr. 70**

| | | |
|---|---|---|
| 1. | e2—e4 | e7—e5 |
| 2. | f2—f4 | e5—f4: |
| 3. | Sg1—f3 | g7—g5 |
| 4. | h2—h4 | g5—g4 |
| 5. | Sf3—g5 | h7—h6 |
| 6. | Sg5—f7: | Ke8—f7: |
| 7. | d2—d4 | d7—d5 |
| 8. | Lc1—f4: | d5—e4: |

Keine vorbildliche Taktik, dem feindlichen Königsläufer eine Schräge zu öffnen.

| | | |
|---|---|---|
| 9. | Lf1—c4† | Kf7—g7 |
| 10. | Lf4—e5† | Sg8—f6 |
| 11. | Th1—f1 | Lf8—e7 |
| 12. | Dd1—e2 | Sb8—c6 |
| 13. | Sb1—d2 | Sc6—d4:? |

Ein schwacher Zug. Schwarz gewinnt nicht einmal einen Bauern, verliert aber zwei Züge und öffnet Zugstraßen für die weißen Figuren.

| | | |
|---|---|---|
| 14. | De2—e4: | Sd4—c6 |

15. Le5—c3 mit Vorteil für Weiß.

15. Frage. Wie soll Schwarz das Spiel fortsetzen?

**Nr. 71**

| | | |
|---|---|---|
| 1. | e2—e4 | e7—e5 |
| 2. | f2—f4 | e5—f4: |
| 3. | Sg1—f3 | d7—d5 |

In fast allen Varianten des Königsgambits wie überhaupt in den meisten offenen Partien gibt dieser Zug dem Schwarzen gleiches Spiel.

| | | |
|---|---|---|
| 4. | e4—d5: | .... |

Schwächer ist 4. e5, weil die Schräge a2—g8 geschlossen bleibt und der schwarze Damenläufer gute Felder findet. Schwarz kann sogar versuchen, seinen Mehrbauern mit 4. ...., g5 zu behaupten.

| | | |
|---|---|---|
| 4. | .... | Sg8—f6 |
| 5. | d2—d4 | Sf6—d5: |
| 6. | Lf1—c4 | Lc8—e6 |
| 7. | 0—0? | .... |

Es ist merkwürdig, daß dieser natürliche Zug die Partie verliert. Mit 7. Ld5: könnte Weiß mit Mühe das Gleichgewicht aufrecht erhalten.

| | | |
|---|---|---|
| 7. | .... | Sd5—e3 |
| 8. | Lc1—e3: | Le6—c4: |

Schwarz gewinnt die Qualität.

**Nr. 72**

| | | |
|---|---|---|
| 1. | e2—e4 | e7—e5 |
| 2. | f2—f4 | d7—d5 |
| 3. | e4—d5: | Dd8—d5: |

Das Falkbeer-Gambit 3. ...., e4 gewährt bessere Aussichten.

4. Sb1—c3 Dd5—e6?

Ein klarer Mißgriff, der um so schwerer wiegt, als er einen weiteren Fehler vorbereitet: Schwarz spielt auf Gewinn des feindlichen f-Bauern, öffnet aber hierbei dem Weißen die e-Linie.

| | | |
|---|---|---|
| 5. | Sg1—f3 | e5—f4 ‡ |
| 6. | Ke1—f2 | Lf8—c5† |
| 7. | d2—d4 | Lc5—b6? |
| 8. | Lf1—b5† | .... |

Dieses Schach hat Schwarz wahrscheinlich übersehen, sonst hätte er wenigstens im vorigen Zuge 8. ...., Le7 gespielt.

8. Ke8—d8

Auch auf c6 folgt 9. Te1.

9. Th1—e1 und gewinnt.

**Nr. 73**

| | | |
|---|---|---|
| 1. | e2—e4 | e7—e5 |
| 2. | f2—f4 | d7—d5 |
| 3. | e4—d5: | e5—e4 |
| 4. | d2—d3 | Sg8—f6 |
| 5. | d3—e4: | Sf6—e4: |
| 6. | Sg1—f3 | Lf8—c5 |
| 7. | Dd1—e2 | Lc8—f5! |

Mit 7. ...., Lf2† würde Schwarz einen Hereinfall erleben: 8. Kd1, Dd5 ‡ 9. Sfd2!, f5 10. Sc3, Dd4 11. Se4:, fe4: 12. c3, De3 13. Dh5† usw.

8. g2—g4? ....

Das ist ein Fehler. 8. Sc3, De7 9. Le3 ist die richtige Fortsetzung.

| | | |
|---|---|---|
| 8. | .... | 0—0! |
| 9. | g4—f5: | Tf8—e8 |
| 10. | Lf1—g2 | Se4—f2 |
| 11. | Sf3—e5 | Sf2—h1: |
| 12. | Lg2—h1: | Sb8—d7 |

Nicht 12. ...., f6 wegen 13. d6 mit der Folge: 13. ...., fe5: 14. Dc4† nebst Dc5:; oder 13. ...., cd6: 14. Ld5†, Kf8 15. Dh5.

| | | |
|---|---|---|
| 13. | Sb1—c3 | f7—f6 |
| 14. | Sc3—e4 | f6—e5: |
| | | und gewinnt. |

Die Fortsetzung war 15. Sc5:, Sc5: 16. fe5:, Dh4† 17. Kf1, Tf8 und Weiß gab nach dem 26. Zuge auf.

## 3. Abschnitt

# Halboffene Partien

### Französische Verteidigung

In den letzten Jahren ist es in der Spielpraxis immer weniger häufig geworden, daß Schwarz auf den Eröffnungszug 1. e4 ebenfalls mit dem Doppelschritt des Königsbauern antwortet. Sehr oft begegnet man den halboffenen Verteidigungen, von denen vor allem Französisch, Sizilianisch und Caro-Kann sich besonderer Beliebtheit erfreuen.

Die Französische Verteidigung ist wohl energischer als etwa Caro-Kann, birgt aber für Schwarz auch mehr Gefahren. Einerseits bietet sie ihm ausgiebige Möglichkeiten eines Gegenangriffs am Damenflügel, andererseits erhält auch Weiß Gelegenheit, entweder am Königsflügel anzugreifen oder in der Mitte einen anhaltenden Druck auszuüben. Gleiches gilt übrigens von der Sizilianischen Partie, der aktivsten unter den halboffenen Verteidigungen des Schwarzen.

Die folgenden Beispiele zeigen vor allem die Möglichkeiten des Weißen, weil das Gegenspiel des Schwarzen sich gewöhnlich erst viel später als in der Eröffnung bemerkbar macht.

Beispiel Nr. 74 enthält einen typischen Mattangriff, der häufig vorkommt. Der Lernende sollte genau die Stellung der einzelnen Figuren prüfen, die das Läuferopfer durchschlagen lassen. Die Schwäche des Punktes h7 ist eine große Gefahr für Schwarz und der Weiße kann oft auch dann das Läuferopfer erfolgreich anwenden, wenn kein Matt sofort nachfolgt. Sehr verwickelt und besonders schön ist Nr. 75, wo der von Chatard und Dr. Aljechin herrührende Angriff genauer ausgeführt wird. Das schwarze Spiel ist nach Annahme des Bauernopfers sehr gefährdet; stets droht Weiß mit Figurenopfern, die die schwarze Stellung in Trümmer schlagen. Auch die Falle der Nr. 76 zeigt einen Opferangriff des Weißen; sie ist der Turnierpartie zwischen Euwe und Bogoljubow aus Budapest 1921 entnommen.

Ein häufig vorkommender Doppelangriff auf den Punkt h7 und den schwarzen Damenturm ist in Nr. 77 zu sehen. Dem Lernenden ist dringend zu empfehlen, sich diese Falle einzuprägen, da sie in zahlreichen Fällen anwendbar ist. In Nr. 78 taucht eine neue Schwäche der schwarzen Stellung auf, der Punkt g7. Spieler, die mit dem Gledhill-Angriff 5. Dg4 nicht vertraut sind, könnten leicht auf diese Art hereinfallen. In sehr einfacher, aber ganz überzeugender Form wird die Bedrohung des Bauern g7 in Nr. 79 gezeigt. Nr. 80 ist ein seltener Fall. Der Zentrumsangriff des Schwarzen ist überraschend, das doppelte Turmopfer von blendender Schönheit.

Die Schwäche des Punktes f7 wird in Nr. 81 aufgedeckt, auf das elegante Springeropfer kann ein wenig erfahrener Spieler sehr leicht hereinfallen. Beispiel Nr. 82 ist keine eigentliche Falle, sondern zeigt die erschrecklichen Folgen einer unbedachten Aufstellung der schwarzen Figuren. Auch hier fällt die Entscheidung am Königsflügel.

Schließlich muß Schwarz auch auf den Punkt c7 achten, der unter Umständen zum Angriffsziel werden kann; wenn der c7-Bauer gezogen hat, wird auch d6 schwach. Deshalb ist es sehr nützlich, die Möglichkeit im Auge zu behalten, daß Weiß Sb5 zieht. Wenn dieser Zug möglich ist, soll Schwarz a6 spielen, bevor er den c-Bauern zieht. Hinzuzufügen ist, daß der Ausfall Sb5 besonders gefährlich ist, wenn der schwarze Königsläufer abgetauscht ist. Beispiel Nr. 83 illustriert diese Drohung und ihre Bedeutung.

**Nr. 74**

| | | |
|---|---|---|
| 1. | e2—e4 | e7—e6 |
| 2. | d2—d4 | d7—d5 |
| 3. | Sb1—c3 | Sg8—f6 |
| 4. | Lc1—g5 | Lf8—e7 |
| 5. | Lg5—f6: | Le7—f6: |
| 6. | Sg1—f3 | 0—0 |
| 7. | Lf1—d3 | b7—b6? |

7. ...., c5 ist hier der richtige Zug.

8. h2—h4 Lc8—b7?

Schwarz schenkt dem feindlichen Angriff keine Aufmerksamkeit. 8. ...., Le7 oder La6 ist notwendig. Im allgemeinen muß Schwarz in dieser Variante, wenn Weiß Sg5 droht, dies mit f6 verhindern. Aus diesem Grunde vermeidet Weiß zunächst den Zug e5 (der den schwarzen Läufer vertreibt und dadurch den Bauern f7 beweglich macht) so lange, bis er sofort Sg5 folgen lassen kann, bevor der Schwarze f6 zieht.

9. e4—e5 Lf6—e7

10. Ld3—h7‡ ....

10. .... Kg8—h7:
11. Sf3—g5† Le7—g5:

Andere Züge würden auch nicht mehr helfen, z. B. 11. ...., Kh6 12. Dd2, Lg5: 13. hg5‡, Kg6 14. Dd3†, oder 11. ...., Kg6 12. Dd3†, f5 13. ef6‡, Kf6: 14. h5 und Weiß gewinnt in beiden Fällen rasch.

12. h4—g5‡ Kh7—g8
13. Dd1—h5 f7—f6
14. g5—g6 und Matt im nächsten Zuge.

**Nr. 75**

1. e2—e4 e7—e6
2. d2—d4 d7—d5
3. Sb1—c3 Sg8—f6
4. Lc1—g5 Lf8—e7
5. e4—e5 Sf6—d7
6. h2—h4 ....

Der Aljechin-Chatard-Angriff.

6. .... Le7—g5:

Die Annahme des Bauernopfers ist sehr gewagt. Sicherer ist 6. ...., a6, auch 6. ...., c5 ist ein guter Zug.

7. h4—g5: Dd8—g5:
8. Sg1—h3 Dg5—e7
9. Sh3—f4 a7—a6
10. Dd1—g4 g7—g6
11. 0—0—0 c7—c5
12. Dg4—g3 Sd7—b6

Auf 12. ...., cd4: folgt das Opfer 13. Scd5:!, ed5: 14. Sd5:, Dd8 15. e6 mit Vorteil für Weiß.

13. d4—c5: De7—c5:
14. Lf1—d3 ....

Weiß droht nun auf g6 zu opfern.

14. .... Dc5—f8
15. Ld3—e4!

Nach diesem von Bogoljubow angegebenen Zuge, der das Opfer 16. Ld5: droht, wird der Angriff des Weißen unwiderstehlich.

16. Frage. Wie würden Sie fortsetzen, wenn Schwarz den Läufer schlägt?

**Nr. 76**

1. e2—e4 e7—e6
2. d2—d4 d7—d5
3. Sb1—c3 Sg8—f6
4. Lc1—g5 Lf8—b4

Die Mac-Cutcheon-Verteidigung.

5. e4—e5 h7—h6
6. Lg5—d2 ....

Auf 6. Lh4 folgt 6. ...., g5 7. Lg3, Se4.

6. .... Lb4—c3:
7. b2—c3: Sf6—e4
8. Dd1—g4 g7—g6
9. Lf1—d3 Se4—d2:
10. Ke1—d2: c7—c5
11. h2—h4 Sb8—c6
12. Th1—h3 Dd8—a5?

Schwarz fällt herein. Die richtige Fortsetzung ist 12. ...., cd4:; falls dann 13. Lg6:? erfolgt, so 13. ...., Se5:.

13. Ld3—g6: und gewinnt.

Auf 13. ...., fg6: geht mit 14. Dg6 ǂ der schwarze Turm verloren, ebenso auf 13. ...., Tg8 mit 14. Lf7 ǂ, Kf7: 15. Tf3†.

**Nr. 77**

1. e2—e4 e7—e6
2. d2—d4 d7—d5
3. Sb1—c3 Sg8—f6
4. Lc1—g5 d5—e4:
5. Sc3—e4: Sb8—d7
6. Sg1—f3 Lf8—e7
7. Se4—f6 ǂ ....

Mit 7. Ld3 würde Weiß in eine Falle stürzen: 7. ...., Se4: 8. Le7:, Sf2: 9. Ld8:, Sd1: 10. Lc7:, Sb2: und Schwarz hat einen Bauern gewonnen.

7. Sd7—f6:

8. Lf1—d3 0—0
9. Dd1—e2 b7—b6?

Schwarz muß 9. . . . . , c5 spielen.

10. Lg5—f6: Le7—f6:
11. De2—e4 und gewinnt.

**Nr. 78**

1. e2—e4 e7—e6
2. d2—d4 d7—d5
3. Sb1—c3 Sg8—f6
4. e4—e5 Sf6—d7
5. Dd1—g4 c7—c5
6. Sg1—f3 c5—d4:
7. Sf3—d4: Sd7—e5:

Am sichersten spielt Schwarz 7. . . . . , Sc6.

8. Dg4—g3 Sb8—c6?

17. Frage. Was soll Schwarz hier ziehen?

9. Lf1—b5 Lc8—d7
10. Lb5—c6: Se5—c6:
11. Sd4—b5 Ta8—c8
12. Lc1—f4 Dd8—b6
13. Lf4—c7 Db6—c5
14. Lc7—d6 Dc5—b6
15. Ld6—f8: Ke8—f8:
16. Dg3—d6† Kf8—e8
17. 0—0—0 a7—a6
18. Sc3—d5: und gewinnt.

Es folgt entweder 18. . . . . , Db5: 19. Sc3 nebst Dd7 ‡, oder 18. . . . . , ed5: 19. The1†, Le6 20. Te6 ‡ usw.

**Nr. 79**

1. e2—e4 e7—e6
2. d2—d4 d7—d5
3. Sb1—c3 Lf8—b4
4. a2—a3 Lb4—c3 ‡
5. b2—c3: c7—c5
6. Dd1—g4 d5—e4:?
7. Dg4—g7: Dd8—f6
8. Lc1—h6! mit Qualitätsgewinn (8. . . . . , Sd7 9. Lb5).

Der Lernende möge gut die Begleitumstände beachten, unter denen die feine Falle des Weißen erfolgreich ist.

**Nr. 80**

1. e2—e4 e7—e6
2. d2—d4 d7—d5
3. Sb1—c3 d5—e4:
4. Sc3—e4: Sb8—d7
5. Sg1—f3 Sg8—f6
6. Lf1—d3 Lf8—e7
7. c2—c3 Sf6—e4:
8. Ld3—e4: Sd7—f6
9. Le4—d3 0—0
10. Sf3—e5 c7—c5
11. Lc1—e3 Dd8—c7
12. f2—f4 Tf8—d8
13. d4—c5: . . . .

Dieser Tausch verdirbt das weiße Spiel. Der Zug 13. Df3 würde eine befriedigende Stellung geben.

13. . . . . Le7—c5:
14. Le3—c5: Dc7—c5:
15. Ld3—h7 ‡? Kg8—h7:

16. Dd1—d8: Lc8—d7!
17. Dd8—a8: Dc5—e3†
und gewinnt.

Auf 18. Kf1 setzt Schwarz mit Sg4!, auf 18. Kd1 mit Se4 fort.

**Nr. 81**

(Die ersten 6 Züge wie Nr. 80.)

7. 0—0 b7—b6
8. Sf3—e5 Lc8—b7
9. Se4—f6‡ g7—f6:?

Der entscheidende Fehler. Der Läufer muß wiederschlagen.

10. Se5—f7:! Ke8—f7:
11. Dd1—h5† Kf7—g8
12. Tf1—e1 mit sehr starkem Angriff.

18. F r a g e. Wie kann Weiß nach 12. . . . . Sf8 fortsetzen?

**Nr. 82**

1. e2—e4 e7—e6
2. d2—d4 d7—d5
3. Sb1—c3 d5—e4:
4. Sc3—e4: Lf8—d6?

Hier steht der Läufer nicht gut.

5. Lf1—d3 Sg8—e7
6. Lc1—g5 0—0?

In den Angriff hineinzurochieren, ist Selbstmord. Besser ist 6. . . . ., Sd7.

7. Se4—f6†! g7—f6:
8. Lg5—f6: Dd8—d7
9. Ld3—h7‡ und Matt in zwei Zügen.

**Nr. 83**

1. e2—e4 e7—e6
2. d2—d4 d7—d5
3. Sb1—c3 Sg8—f6
4. Lc1—g5 Lf8—e7
5. e4—e5 Sf6—d7
6. Lg5—e7: Dd8—e7:
7. f2—f4 c7—c5
8. Sg1—f3 b7—b6?

Spätestens jetzt muß Schwarz a6 ziehen.

9. Sc3—b5 Sd7—f8
10. Sb5—d6† Ke8—d8
11. Sf3—g5 und gewinnt.

## Caro-Kann-Verteidigung

Diese nicht sehr lebhafte Verteidigung gibt dem Schwarzen ein ziemlich sicheres Spiel, wenn er die ihm gestellten Fallen erkennt und vermeidet. Caro-Kann ist indessen eine im Wesen defensive Eröffnung und bietet weniger Gelegenheit zum Gegenangriff als etwa die Französische oder gar die Sizilianische Verteidigung.

Im ersten Beispiel (Nr. 84), das der Turnierpartie zwischen Botwinnik und Spielmann aus Moskau 1935 folgt, fällt Schwarz in eine heimtückische Falle, die der Sieger knapp vor der Partie entdeckt hatte. Auch Nr. 85 rührt aus der Meisterpraxis her und zwar aus der Begegnung Nimzowitsch—Dr. Aljechin im Turnier zu Bled 1931. Weiß unternimmt einen abenteuerlichen Ausflug mit seiner Dame, der der Rückweg abgeschnitten wird. Wahrhaft glänzend ist das Damenopfer in Nr. 86, dessen Idee bereits im 1. Abschnitt (Seite 11) ausgeführt wurde. Trotzdem das von Weiß gewählte Angriffssystem einen so durchschlagenden Erfolg erzielt, ist es doch nicht das beste.

Nr. 87 zeigt die Folgen eines ungenauen Zuges (6. ...., e6) und endet in einem hübschen Springeropfer mit nachfolgendem Matt. Sehr bemerkenswert ist die Falle Nr. 88, die ein besonders guter Kenner der Caro-Kann-Verteidigung, der Bremer Meister Carls, gewonnen hat. Der schwarze h-Bauer läuft mit Riesenschritten in die Dame, wohl ein Rekord an Geschwindigkeit! In Nr. 89 rächt sich wieder einmal ein verfrühter Damenausflug, den der Schwarze zum Zwecke eines Bauernraubes unternimmt. Das letzte Beispiel Nr. 90 erinnert zunächst an die Wendung in Nr. 87, führt aber in der weiteren Folge zum Gewinn des schwarzen Damenturms. Man betrachte die traurige Rolle, die der schwarze Damenläufer auf h7 spielt!

**Nr. 84**

| | | |
|---|---|---|
| 1. | e2—e4 | c7—c6 |
| 2. | d2—d4 | d7—d5 |
| 3. | e4—d5: | c6—d5: |
| 4. | c2—c4 | Sg8—f6 |
| 5. | Sb1—c3 | Sb8—c6 |
| 6. | Lc1—g5 | Dd8—b6? |

6. ...., dc4: ist etwas gewagt, aber 6. ...., e6 ist durchaus sicher.

| | | |
|---|---|---|
| 7. | c4—d5: | Db6—b2:? |

Noch die besten Aussichten gewährt das Bauernopfer 7. ...., Sd4: 8. Le3, e5 9. de6:, Lc5.

| | | |
|---|---|---|
| 8. | Ta1—c1 | Sc6—b4 |
| 9. | Sc3—a4 | Db2—a2: |
| 10. | Lf1—c4 | Da2—a3 |
| 11. | Tc1—c3 | und gewinnt. |

**Nr. 85**

(Die ersten 5 Züge wie Nr. 84.)

| | | |
|---|---|---|
| 6. | Sg1—f3 | Lc8—g4 |
| 7. | c4—d5: | Sf6—d5: |
| 8. | Lf1—b5 | Dd8—a5 |

9. Dd1—b3 Lg4—f3:
10. g2—f3: Sd5—c3:
11. Lb5—c6‡ ....

Die Vorbereitung des folgenden Überfalles, durch welchen Weiß den Gegner zu überlisten glaubt, wobei er sich aber in der eigenen Falle fängt. Richtig ist 11. bc3:.

11. .... b7—c6:
12. Db3—b7? Sc3—d5†
13. Lc1—d2 Da5—b6
14. Db7—a8‡ Ke8—d7
und gewinnt.

Die weiße Dame wird durch Sc7 abgefangen.

**Nr. 86**

1. e2—e4 c7—c6
2. d2—d4 d7—d5
3. Sb1—c3 d5—e4:
4. Sc3—e4: Sg8—f6
5. Dd1—d3 e7—e5?

Der Damenzug von Weiß war, gelinde gesagt, von zweifelhaftem Werte. Schwarz sollte sein Spiel mit 5. ...., Se4: 6. De4:, Sd7 und Sf6 sichern.

6. d4—e5: Dd8—a5†
7. Lc1—d2 Da5—e5:
8. 0—0—0 Sf6—e4:??

Der zweite und entscheidende Fehler; Schwarz rechnet nur mit der Antwort 9. Te1. Durch 8. ...., Le7 kann er noch sein Spiel verteidigen, obgleich es schon gefährdet ist.

(Siehe Stellungsbild)

9. Dd3—d8†! ....

Ein entzückender Schluß.

9. .... Ke8—d8:
10. Ld2—g5† Kd8—c7

Oder 10. ...., Ke8 11. Td8‡.

11. Lg5—d8‡.

**Nr. 87**

1. e2—e4 c7—c6
2. d2—d4 d7—d5
3. Sb1—c3 d5—e4:
4. Sc3—e4: Lc8—f5
5. Se4—g3 Lf5—g6
6. Sg1—f3 e7—e6?

Schwarz vertauscht die richtige Reihenfolge der Züge. Zuerst muß er Sd7 ziehen.

7. h2—h4 h7—h6
8. Sf3—e5 Lg6—h7
9. Lf1—c4 ....

Ein guter Zug ist auch 9. Ld3 und falls 9. ...., Dd4:?, dann 10. Sf7:!.

9. .... Sb8—d7
10. Dd1—e2 Sg8—f6?
11. Se5—f7: Ke8—f7:
12. De2—e6‡ Kf7—g6
13. Lc4—d3‡.

**Nr. 88**

1. e2—e4 c7—c6
2. d2—d4 d7—d5
3. Sb1—c3 d5—e4:
4. Sc3—e4: Sg8—f6
5. Se4—g3 h7—h5
6. Lc1—g5? ....

Weiß sollte das weitere Vordringen des feindlichen h-Bauern durch 6. h4 unmöglich machen.

6. .... h5—h4
7. Lg5—f6:? ....

Damit fällt Weiß in eine tiefdurchdachte Falle.

7. .... h4—g3:
8. Lf6—e5 Th8—h2:
9. Th1—h2: Dd8—a5†
10. c2—c3 ....

Auf 10. Dd2 gewinnt Schwarz durch 10. .... gf2‡.

10. .... Da5—e5‡!
11. d4—e5: g3—h2:

und gewinnt.

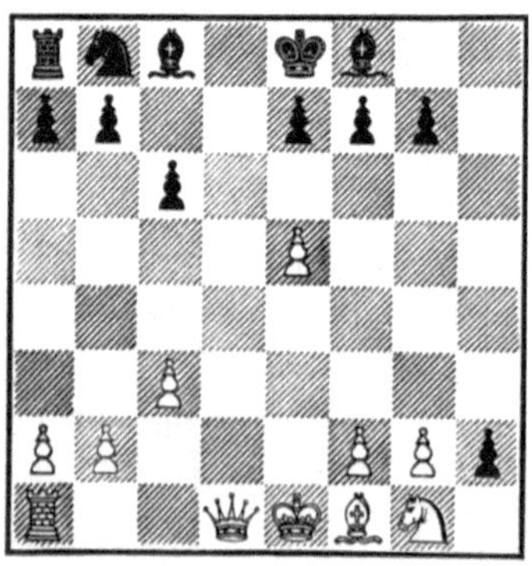

**Nr. 89**

1. e2—e4 c7—c6
2. Sb1—c3 d7—d5
3. Sg1—f3 Lc8—g4
4. d2—d4 d5—e4:
5. Sc3—e4: Lg4—f3:

Besser ist es, sich mit 5. ...., Sf6 weiter zu entwickeln.

6. Dd1—f3: Dd8—d4:?
7. Lc1—e3 Dd4—e5

Noch am besten kehrt die schwarze Dame nach d8 zurück.

19. Frage. Wie würden Sie auf 7. ...., Db2: fortsetzen?

8. Lf1—c4 Sg8—f6
9. Se4—g5 e7—e6
10. 0—0—0 ....

Damit droht Weiß 11. Td8†, Kd8: 12. Sf7‡ nebst Se5:.

10. .... Sb8—d7
11. Td1—d7:! Sf6—d7:

Schlägt der König den Turm, so folgt 12. Sf7: nebst Sh8:.

12. Df3—f7‡ Ke8—d8
13. Sg5—e6‡ Kd8—c8
14. Df7—e8‡.

**Nr. 90**

1. e2—e4 c7—c6
2. Sb1—c3 d7—d5
3. Sg1—f3 d5—e4:
4. Sc3—e4: Lc8—f5?

Derselbe Reinfall wie in unserem Beispiel ergibt sich nach 4. ...., Lg4, wenn Schwarz nach 5. h3, Lh5 6. Sg3 den Tausch auf f3 unterläßt und 6. ...., Lg6? spielt.

5. Se4—g3 Lf5—g6
6. h2—h4 h7—h6
7. Sf3—e5 Lg6—h7
8. Dd1—h5 g7—g6

9. Dh5—f3 ....

In einer Turnierpartie aus allerletzter Zeit (Plymouth 1938) stellte Dr. Aljechin seinem Gegner mit Erfolg folgende Falle: 9. Lc4, e6 10. De2, Sf6? 11. Sf7:! und gewann. Vergleiche das Beispiel Nr. 87.

9. Sg8—f6

10. Df3—b3 Dd8—d5

11. Db3—b7: Dd5—e5 †

12. Lf1—e2 mit Qualitätsgewinn.

Schwarz muß sich gegen 13. Dc8† schützen und verliert den Turm a8. Im Bedarfsfalle wird dann die weiße Dame durch 14. a4 befreit.

## Sizilianische Verteidigung

Die Sizilianische Verteidigung ist keine friedfertige Eröffnung, ihr hervorstechendes Merkmal ist scharfer Kampf. Schwarz tritt mit 1. ...., c5 sofort einer Verstärkung des weißen Zentrums durch den Zug d4 entgegen. Der weiße e-Bauer soll nicht wie in der Französischen oder Caro-Kann-Verteidigung frühzeitig abgetauscht werden, er soll im späteren Verlaufe des Spieles zur Angriffsmarke werden. Die c-Linie, die durch Tausch auf d4 zumeist geöffnet wird, ist die Grundlage des schwarzen Angriffs am Damenflügel. Dem setzt der Weiße gewöhnlich einen schneidigen Königsangriff entgegen. Eine derart scharfe Eröffnung gibt beiden Parteien reiche Gelegenheit zu Kombinationen und Fallen und die angeführten Beispiele, die den Stoff keineswegs erschöpfen, werden für den Lernenden von hohem Wert sein.

Das erste Beispiel (Nr. 91) zeigt einen verfrühten Angriff des Schwarzen am Damenflügel, der wohl zum Gewinn der Qualität führt, aber zu sehr die Entwicklung vernachlässigt. Schöne Opferspiele enthält Nr. 92 mit derselben Variante; der Tausch des schwarzen Königsläufers c3 ist auch hier ungünstig. Nr. 93 ist eine Gewinnpartie des Deutschlandmeisters Eliskases aus dem Turnier zu Birmingham 1937. Es ist eine richtige Falle, die in den verschiedensten Formen auftreten kann, wobei aber der Grundgedanke stets derselbe ist: aufgedeckter Angriff gegen die schwarze Dame und Materialgewinn durch ein Springerschach auf e7.

Beispiel Nr. 94 ist die prächtige Partie Dr. Aljechin—Botwinnik aus dem Nottingham-Turnier von 1936; sie ist ein genaues Studium wert. In Nr. 95 gewinnt Schwarz durch eine bemerkenswerte Falle einen Bauern. Wesentlich ist hierbei der mit einer Mattdrohung verbundene Zwischenzug 15. ...., Dh5. Deshalb Achtung auf Zwischenzüge! Nr. 96 zeigt interessante Kombinationen, die darauf beruhen, daß Weiß die Schräge g1—b6 geschwächt hat. Schwarz gewinnt drei leichte Figuren für seine Dame.

Im nächsten Beispiel (Nr. 97) kommt Schwarz dadurch in Nachteil, daß er die Tücke eines Zuges des weißen Königsläufers unbeachtet läßt. Nr. 98 ist eine lange, verwickelte und schöne Kombination in der Richter-Variante. Sie enthält viele Verzweigungen und endet mit einem eleganten Matt auf einer Mittellinie. Sehr lehrreich ist Nr. 99, wo Schwarz einen Überfall, den er im 7. Zuge ruhig ausführen konnte, um zwei Züge zu spät unternimmt und dabei eine Figur einbüßt.

Nr. 100 zeigt ein überraschendes Bauernopfer, mit welchem Weiß die Unvorsichtigkeit des Schwarzen schwer bestraft. Eine interessante Falle wird in Nr. 101 gezeigt. Schwarz kann auf vielerlei Arten verunglücken, wenn er mit dieser Wendung nicht vertraut ist. Eine wichtige Erfahrungsregel ist aus dem letzten Beispiel Nr. 102 zu erkennen. Hat man den Königsläufer flankiert und kurz rochiert, so muß man diesen Läufer vor Abtausch bewahren und darf ihn oft auch dann nicht hergeben, wenn man dabei die Qualität gewinnt. Das angegebene Beispiel ist einem russischen Meisterturnier entnommen: Partie Werlinski gegen Kan, Odessa 1929.

**Nr. 91**

1. e2—e4 c7—c5
2. Sg1—f3 e7—e6
3. d2—d4 c5—d4:
4. Sf3—d4: Sg8—f6
5. Sb1—c3 Lf8—b4

Ein verfrühter Ausfall. Richtig ist 5. . . . . , d6 oder 5. . . . . , Sc6.

6. e4—e5! Dd8—a5?

20. Frage. Kennen Sie die Folge nach 6. . . . . , Se4?

7. e5—f6: Lb4—c3 ‡
8. b2—c3: Da5—c3 ‡
9. Dd1—d2 Dc3—a1:
10. c2—c3 Da1—b1

Sonst wird die schwarze Dame durch 11. Sb3, Db1 12. Ld3 gefangen.

11. Lf1—d3 Db1—b6
12. f6—g7: und gewinnt.

**Nr. 92**

(Die ersten 5 Züge wie Nr. 91.)

6. Lf1—d3 d7—d5?

Der korrekte Zug ist hier Sc6.

7. e4—e5 Sf6—d7
8. Dd1—g4 g7—g6

Auf 8. . . . . , Kf8 folgt 9. Se6 ‡, fe6: 10. Db4 ‡; auf 8. . . . . , Lc3 ‡ 9. bc3:, Kf8 gewinnt Weiß mit 10. La3†, Kg8 11. Se6:!, fe6: 12. De6: matt. Zwei bemerkenswerte Fallen!

9. Sd4—e6:! Lb4—c3 ‡
10. b2—c3: f7—e6:

Besser ist Se5:, worauf Weiß mit 11. Dd4 antwortet.

11. Ld3—g6 ‡ und gewinnt.

**Nr. 93**

1. e2—e4 c7—c5
2. Sg1—f3 e7—e6

3. d2—d4 c5—d4:
4. Sf3—d4: Sg8—f6
5. Sb1—c3 d7—d6
6. Lf1—e2 Lf8—e7
7. 0—0 a7—a6
8. f2—f4 Dd8—c7
9. Le2—f3 Lc8—d7
10. Kg1—h1 Sb8—c6

Das Scheveninger Verteidigungssystem.

11. Sd4—b3 b7—b5
12. a2—a3 Ta8—c8
13. Lc1—e3 0—0
14 Dd1—d2 Sf6—e8
15. Ta1—d1 Sc6—a5?

Damit stürzt Schwarz in eine Falle.

16. Sb3—a5: Dc7—a5:
17. Sc3—d5! Le7—d8

Falls 17. ...., Dd2:, dann 18. Se7‡ nebst Td2:. Falls aber 17. ...., Dd8, so 18. Lb6.

18. Sd5—e7† mit Qualitätsgewinn.

**Nr. 94**

1. e2—e4 c7—c5
2. Sg1—f3 d7—d6
3. d2—d4 c5—d4:
4. Sf3—d4: Sg8—f6
5. Sb1—c3 g7—g6
6. Lf1—e2 Lf8—g7
7. Lc1—e3 Sb8—c6

Die sogenannte Drachen-Variante.

8. Sd4—b3 Lc8—e6
9. f2—f4 0—0
10. g2—g4 d6—d5!
11. f4—f5 Le6—c8
12. e4—d5: Sc6—b4
13. d5—d6 ....

21. Frage. Wie würden Sie nach 13. fg6:, hg6: 14. Lf3 fortsetzen?

13. .... Dd8—d6:
14. Le3—c5 Dd6—f4
15. Th1—f1 Df4—h2:
16. Lc5—b4: Sf6—g4:!
17. Le2—g4: Dh2—g3†

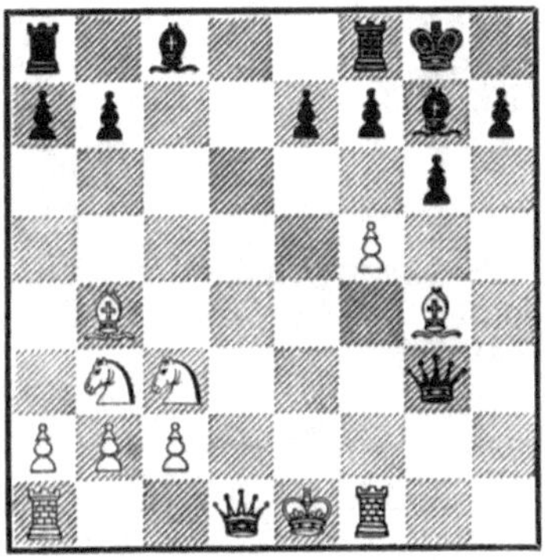

Remis durch ewiges Schach.

**Nr. 95**

(Die ersten 9 Züge wie Nr. 94.)

10. 0—0 Sc6—a5
11. Sb3—a5: Dd8—a5:
12. Le3—d4 Ta8—c8
13. g2—g4? Le6—g4:!
14. Le2—g4: Sf6—g4:
15. Ld4—g7: Da5—h5
16. Dd1—e2 Kg8—g7:

Schwarz hat einen Bauern gewonnen und steht überlegen.

**Nr. 96**

(Die ersten 7 Züge wie Nr. 94.)

8. 0—0 0—0
9. f2—f4 Dd8—b6

10. Dd1—d3? ....

Weiß kann hier mit 10. e5 ein aussichtsreiches Bauernopfer bringen.

10. .... Sf6—g4
11. Sc3—d5 Lg7—d4:!
12. Sd5—b6: Ld4—e3‡
13. Kg1—h1 ....

Oder 13. De3:, Se3: 14. Sa8:, Sf1: 15. Lf1:, f5 und Schwarz hat die besseren Aussichten fürs Endspiel.

13. .... Le3—b6:
14. Le2—g4: Lc8—g4:

Weiß kann sich der drei leichten Figuren des Gegners nur schwer erwehren.

**Nr. 97**

1. e2—e4 c7—c5
2. Sg1—f3 Sb8—c6
3. d2—d4 c5—d4:
4. Sf3—d4: Sg8—f6
5. Sb1—c3 d7—d6
6. Lf1—c4 g7—g6?

Hier gerät Schwarz mit der Flankierung seines Königsläufers in eine Falle. Er sollte 6. ...., e6 spielen.

7. Sd4—c6: b7—c6:
8. e4—e5! Sf6—g4

Auf 8. ...., de5:? gewinnt Weiß mit 9. Lf7‡ die Dame.

9. Lc1—f4 d6—d5
10. Sc3—d5: c6—d5:
11. Lc4—d5: Lc8—d7
12. Ld5—a8: Dd8—a8:
13. 0—0 mit Vorteil für Weiß.

**Nr. 98**

(Die ersten 5 Züge wie Nr. 97.)

6. Lc1—g5 e7—e6
7. Sd4—c6: b7—c6:
8. e4—e5 ....

Ein von Kurt Richter herrührendes Bauernopfer. Falls 8. ...., de5:, dann 9. Df3 mit starkem Angriff.

8. .... Dd8—a5!
9. Lf1—b5! c6—b5:
10. e5—f6: b5—b4
11. Sc3—e4 ....

Auf 11. Df3 folgt 11. ...., De5† 12. Se2, d5 usw.

11. .... Da5—e5
12. Dd1—e2 d6—d5
13. Ta1—d1 ....

13. .... d5—e4:?

Der entscheidende Fehler. Notwendig ist 13. ...., g6.

22. Frage. Wie vermeidet Weiß danach Figurenverlust?

14. f2—f4 De5—a5
15. f6—g7: Lf8—g7:
16. De2—b5† Da5—b5:
17. Td1—d8‡.

**Nr. 99**

1. e2—e4 c7—c5
2. Sg1—f3 Sb8—c6
3. d2—d4 c5—d4:
4. Sf3—d4: g7—g6
5. c2—c4 Lf8—g7
6. Lc1—e3 Sg8—f6
7. Sb1—c3 d7—d6

An dieser Stelle kann Schwarz mit 7. . . . ., Sg4! sein Spiel erleichtern, z. B. 8. Sc6:, Se3: 9. Sd8:, Sd1: 10. Sd1:, Kd8:.

8. Lf1—e2 0—0
9. 0—0 Sf6—g4?

Jetzt führt dieser Zug zum Verlust einer Figur.

10. Le2—g4: Lc8—g4:

Oder 10. . . . ., Ld4: 11. Lc8:, Lc3: 12. Lb7: usw.

11. Sd4—c6: Lg4—d1:
12. Sc6—d8: und gewinnt.

**Nr. 100**

1. e2—e4 c7—c5
2. Sg1—f3 Sg8—f6
3. e4—e5 Sf6—d5
4. Sb1—c3 Sd5—c3:
5. d2—c3: b7—b6?
6. e5—e6! . . . .

6. . . . . f7—f6

Eine befriedigende Fortsetzung ist für Schwarz nicht mehr vorhanden. Falls 6. . . . ., de6:, so 7. Dd8 ╪ nebst 8. Se5; falls 6. . . . ., fe6:, dann 7. Se5, g6 8. Df3.

7. Sf3—e5! f6—e5:
8. Dd1—f3 Dd8—c7
9. Df3—a8: Sb8—c6
10 Lf1—b5 und gewinnt.

**Nr. 101**

1. e2—e4 c7—c5
2. Sg1—f3 Sg8—f6
3. Sb1—c3 d7—d5
4. e4—d5: Sf6—d5:
5. Lf1—b5† Lc8—d7
6. Sf3—e5 Sd5—c3:?

Der entscheidende Fehler. Auch 6. . . . ., Dc7? ist ein Irrweg, weil Weiß mit 7. Sd7:, Sd7: 8. Sd5: eine Figur gewinnt. Nur mit 6. . . . ., Lb5: kann Schwarz der ihm gestellten Falle entgehen.

23. Frage. Wie setzt Weiß nach 6. . . . ., Lb5: am besten fort?

7. Dd1—f3! f7—f6

Nur wenig besser ist die Fortsetzung 7. . . . ., Dc7. Weiß antwortet 8. Ld7 ╪, Sd7: 9. Df7 ╪, Kd8 10. Sd7:, Kd7: 11. dc3: und ist klar im Vorteil.

8. Df3—h5† g7—g6
9. Se5—g6: Ld7—b5:
10. Sg6—e5╪.

**Nr. 102**

1. e2—e4 c7—c5
2. Sb1—c3 Sb8—c6
3. g2—g3 g7—g6

| | | |
|---|---|---|
| 4. | Lf1—g2 | Lf8—g7 |
| 5. | Sg1—e2 | d7—d6 |
| 6. | d2—d3 | Sg8—f6 |
| 7. | 0—0 | Lc8—d7 |
| 8. | h2—h3 | 0—0 |
| 9. | Lc1—e3 | b7—b5 |

Um auf 10. Sb5: mit Tb8 und dann Tb2: zu antworten.

10. e4—e5?

Weiß fällt hierbei schrecklich herein. Richtig ist 10. Dd2.

| | | |
|---|---|---|
| 10. | .... | Sc6—e5:! |
| 11. | Lg2—a8: | Dd8—a8: |
| 12. | f2—f4 | Se5—f3† |
| 13. | Kg1—f2 | Ld7—h3: |
| 14. | Tf1—h1? | Sf6—g4‡ |

Mit 14. Se4 hätte Weiß den Verlust hinausschieben können.

## Aljechin-Verteidigung

Auf den ersten Blick sieht die Aljechin-Verteidigung 1. e4, Sf6 zumindest bizarr aus, denn durch den Vormarsch der weißen Mittelbauern kommt der schwarze Springer auf b6 fast ganz außer Spiel und die weißen Bauern bilden ein mächtiges, drohendes Zentrum. Der tiefe Gedanke, der dieser Verteidigung zugrunde liegt, besteht aber darin, gerade diesen Bauernvormarsch herauszufordern und in der Folge das weiße Zentrum anzugreifen. Wenn Weiß auf die Springerjagd verzichtet und eine ruhigere Behandlung wählt, kann das Spiel mannigfaltige Formen annehmen, z. B. eine für Schwarz günstige Variante der Französischen, eine Abart der Sizilianischen Verteidigung usw. Wenn Schwarz richtig spielt, kann er in allen Fällen die Eröffnungsschwierigkeiten überwinden.

Viele der zahlreichen Fallen, die in dieser Eröffnung vorkommen, beruhen auf der Schwäche der weißen Mittelbauern, welche durch Figuren gedeckt werden müssen. So verliert Weiß in Nr. 103 seinen d-Bauern, während er in Nr. 104 mit dem Verluste seines c-Bauern bedroht ist und, um dies zu vermeiden, seinen Königsflügel aufreißen lassen muß. Als Gegenstück zeigen die letzten zwei Beispiele die Schwierigkeiten des Schwarzen. In Nr. 105 ermöglicht ein unscheinbarer Fehler des Schwarzen, daß Weiß in direktem Angriff den Gewinn erzwingt. Dieses Beispiel folgt einer Turnierpartie Bogoljubows aus Breslau 1925. Schließlich zeigt Nr. 106 die Gefahr eines Figurverlustes auf. Gewiß ist der Fehler des Schwarzen schrecklich, aber der Gedanke ist es, den man werten muß, und in einer verwickelteren Stellung kann eine ähnliche Katastrophe vorkommen.

**Nr. 103**

| | | |
|---|---|---|
| 1. | e2—e4 | Sg8—f6 |
| 2. | e4—e5 | Sf6—d5 |
| 3. | c2—c4 | Sd5—b6 |
| 4. | d2—d4 | d7—d6 |

Schwarz darf die Idee der Aljechin-Verteidigung nicht übertreiben und etwa auch noch den zweiten Springer ziehen.

24. Frage. Wie läßt sich 4. ...., Sc6 widerlegen?

5. f2—f4 d6—e5:
6. f4—e5: Lc8—f5
7. Lf1—d3? Lf5—d3:
8. Dd1—d3: c7—c5
9. Sg1—f3 ....

Weiß kann auch den c-Bauern verlieren: 9. d5, e6 10. d6, Dh4† nebst Dc4:.

9. .... e7—e6
10. Sb1—c3 Sb8—c6
11. d4—d5 Sc6—b4

Schwarz gewinnt bei überlegener Stellung den Bauern d5.

**Nr. 104**

(Bis zum 6. Zuge von Schwarz wie Nr. 103)

6. .... Sb8—c6
7. Lc1—e3 Lc8—f5
8. Sb1—c3 e7—e6
9. Sg1—f3 Lf8—b4
10. Lf1—d3? ....

Wie im vorigen Beispiel steht der Läufer hier schlecht. 10. Le2 ist notwendig.

10. .... Lf5—g4

Dieser Zug ist so stark, daß er auch unter Tempoverlust getan werden kann.

11. Ld3—e2 Lg4—f3:
12. g2—f3: ....

Falls 12. Lf3:, dann 12. ...., Sc4:.

12. .... Dd8—h4†
13. Le3—f2 Dh4—f4

Schwarz hat das weit überlegene Spiel.

**Nr. 105**

1. e2—e4 Sg8—f6
2. e4—e5 Sf6—d5
3. d2—d4 d7—d6
4. Sg1—f3 Lc8—f5

Wenn Schwarz in dieser Eröffnung Gelegenheit zum Fesselungszug Lg4 findet, soll er nicht darauf verzichten.

5. Lf1—d3 Lf5—g6?

Läufertausch war unerläßlich.

6. Ld3—g6: h7—g6:
7. c2—c4 Sd5—b6
8. e5—e6! ....

8. .... f7—f6

Auf 8. ...., fe6: antwortet Weiß 9. Dd3 und Sg5.

9. Dd1—d3 Dd8—c8
10. Dd3—g6‡ und gewinnt.

**Nr. 106**

| | | |
|---|---|---|
| 1. | e2—e4 | Sg8—f6 |
| 2. | e4—e5 | Sf6—d5 |
| 3. | d2—d4 | d7—d6 |
| 4. | Sg1—f3 | Lc8—g4 |
| 5. | Lf1—e2 | e7—e6 |
| 6. | c2—c4 | Sd5—b6 |
| 7. | e5—d6: | Dd8—d6:?? |

7. ...., cd6: ist erzwungen und ganz gut. Wenn Weiß vor dem Zuge c4 die Bauern auf d6 tauscht, kann Schwarz mit der Dame wiedernehmen, denn dann muß der Springer d5, wenn er durch c4 gejagt wird, nicht das Feld b6 betreten.

8. c4—c5 mit Figurgewinn.

## Skandinavische Verteidigung

Diese Verteidigung führt zu sehr interessanten Stellungen, liefert aber in der Praxis keine guten Ergebnisse. Ein großer Nachteil der Skandinavischen ist der, daß Weiß die Wahl hat, entweder eine scharfe Angriffspartie oder eine ruhige Stellungspartie zu spielen und in beiden Fällen die bessere Stellung erlangt.

Im Beispiel Nr. 107 unternimmt Schwarz in einem sehr frühen Stadium der Partie einen Angriff. Er bietet dabei eine Figur zum Opfer an und Weiß greift fehl. Nr. 108 zeigt die Gefahr frühzeitiger Damenmanöver und die Notwendigkeit, der Dame in dieser Eröffnung von a5 aus eine Rückzugslinie dadurch zu sichern, daß im Notfalle c6 geschieht. Daß Schwarz aber auch dann sehr leicht straucheln kann, zeigt die prachtvolle Opferserie des Beispiels Nr. 109. Die letzte Falle Nr. 110 enthält eine unerwartete Mattwendung des Schwarzen.

**Nr. 107**

| | | |
|---|---|---|
| 1. | e2—e4 | d7—d5 |
| 2. | e4—d5: | Sg8—f6 |
| 3. | d2—d4 | Sf6—d5: |
| 4. | c2—c4 | Sd5—b4 |

Solide Fortsetzungen sind 4....., Sb6 oder Sf6.

| | | |
|---|---|---|
| 5. | Dd1—a4† | Sb8—c6 |
| 6. | d4—d5 | Lc8—f5 |
| 7. | d5—c6:? | .... |

Ein schreckliches Versehen. 7. Sa3 ist unerläßlich und ermöglicht eine genügende Verteidigung.

25. Frage. Wie würden Sie als Schwarzer darauf antworten?

7. Sb4—c2† und gewinnt.

**Nr. 108**

| | | |
|---|---|---|
| 1. | e2—e4 | d7—d5 |
| 2. | e4—d5: | Dd8—d5: |
| 3. | Sb1—c3 | Dd5—a5 |
| 4. | d2—d4 | Sg8—f6 |
| 5. | Lf1—c4 | Lc8—f5 |
| 6. | Lc1—d2 | e7—e6? |

6. ...., c6, um der Dame einen Rückzugsweg zu eröffnen, muß unbedingt geschehen.

7. Sc3—d5.

Weiß gewinnt die Dame. Auf 7. ...., Da4 folgt 8. Lb5†, Db5: 9. Sc7‡.

**Nr. 109**

| | | |
|---|---|---|
| 1. | e2—e4 | d7—d5 |
| 2. | e4—d5: | Dd8—d5: |

| | | |
|---|---|---|
| 3. | Sb1—c3 | Dd5—a5 |
| 4. | d2—d4 | c7—c6 |
| 5. | Sg1—f3 | Lc8—g4 |
| 6. | Lc1—f4 | e7—e6 |
| 7. | h2—h3 | Lg4—f3: |

Vorzuziehen ist der Rückzug 7. . . . ., Lh5.

| | | |
|---|---|---|
| 8. | Dd1—f3: | Lf8—b4 |
| 9. | Lf1—e2 | Sb8—d7 |
| 10. | a2—a3 | 0—0—0? |

Darauf hat Weiß gelauert. Der richtige Zug ist 10. . . . ., Sgf6.

| | | |
|---|---|---|
| 11. | a3—b4:! | Da5—a1 † |
| 12. | Ke1—d2 | Da1—h1: |
| 13. | Df3—c6 †! | b7—c6: |
| 14. | Le2—a6‡ | |

(Siehe Stellungsbild)

Ein wunderbarer Schluß: Weiß hat alle seine schweren Figuren geopfert, um ein Zweiläufermatt zu erzwingen. Der Lernende tut gut, sich die Möglichkeit eines ähnlichen Mattbildes beim Angriff gegen die lange Rochade stets vor Augen zu halten.

**Nr. 110**

| | | |
|---|---|---|
| 1. | e2—e4 | d7—d5 |
| 2. | e4—d5: | Dd8—d5: |
| 3. | Sb1—c3 | Dd5—a5 |
| 4. | Sg1—f3 | e7—e5 |
| 5. | d2—d3 | Lc8—g4 |
| 6. | Lc1—d2 | Sb8—c6 |
| 7. | Dd1—e2? | . . . . |

Wieder einmal ein Fall, wo die Dame zu früh in den Kampf eingreift.

| | | |
|---|---|---|
| 7. | . . . . | Sc6—d4 |
| 8. | De2—e5 †? | Da5—e5: |
| 9. | Sf3—e5: | Sd4—c2 ‡. |

## 4. Abschnitt

# Geschlossene Partien

In der modernen Turnierpraxis der Meister und erstklassigen Amateure sind die Damenbauer- und die verwandten Eröffnungen weitaus am beliebtesten. So wurden von den sechzig Partien, die in den letzten zwei Wettkämpfen um die Weltmeisterschaft gespielt wurden, nur sechs mit 1. e4 eröffnet. Anhänger der „alten Schule“ beklagen diese überwältigende Vorliebe für den Damenbauern; trotzdem steht es außer Frage, daß die mit ihm eröffneten Partien mehr Raum für Stellungsspiel und schöne Kombinationen gewähren als jede andere

Eröffnung. Sie sind verwickelter, geben weniger Anlaß zu Abtausch als die offenen Partien und bieten oft Gelegenheit zu interessanten Endspielen. Der Lernende sollte diesem Abschnitt besondere Aufmerksamkeit widmen.

## Angenommenes Damengambit

Das Damengambit unterscheidet sich von den bisher betrachteten Gambitspielen insofern, als es für Schwarz äußerst gefährlich ist, das Gambit anzunehmen, um den Bauern zu behaupten. Stellungen, in denen dies geschehen kann, sind außerordentlich selten und sehr sorgfältige Überlegungen müssen angestellt werden, bevor ein solcher Versuch unternommen wird.

In Nr. 111 hat Schwarz mit der Behauptung des Gambitbauern Erfolg, da er die Kombination des Weißen widerlegen kann. Deshalb verzichtet Weiß in Nr. 112 auf den Rückgewinn des Bauern, spielt ein schneidiges Gambit und stellt den Schwarzen vor große, vielleicht unüberwindliche Schwierigkeiten. Dieses Beispiel ist einer berühmten Partie des letzten Weltmeisterschaftskampfes entlehnt.

In Nr. 113 und Nr. 114 endet der Versuch des Schwarzen, den Mehrbauern zu halten, mit einer Katastrophe. Freilich muß Weiß im Beispiel Nr. 114 eine heimtückische Falle vermeiden. Nr. 115 zeigt schließlich eine moderne Behandlung dieser Eröffnung. Schwarz betrachtet das Schlagen des Bauern c4 nicht als Annahme eines Gambits, sondern als Beginn eines Bauernvormarsches am Damenflügel mit a6, b5 und c5. Daß auch hierbei Gefahren lauern, läßt dieses Beispiel, das einer schönen Gewinnpartie S t å h l b e r g s im Turnier zu Kemeri 1937 folgt, deutlich erkennen.

**Nr. 111**

| | | |
|---|---|---|
| 1. | d2—d4 | d7—d5 |
| 2. | c2—c4 | d5—c4: |
| 3. | Sb1—c3 | .... |

Wenn Weiß den Gambitbauern rasch zurückgewinnen will, kann er 3. e3 ziehen. Daraufhin darf Schwarz ja nicht den Bauern c4 verteidigen wollen: 3. ...., b5? 4. a4, c6 5. ab5:, cb5: 6. Df3 und Weiß gewinnt. Der Lernende möge diesen Überfall in der Schräge f3—a8 gut beachten!

| | | |
|---|---|---|
| 3. | .... | c7—c6 |
| 4. | e2—e3 | b7—b5 |
| 5. | Sc3—b5:? | .... |

Der richtige Zug ist 5. a4.

| | | |
|---|---|---|
| 5. | .... | c6—b5: |
| 6. | Dd1—f3 | Dd8—c7 |
| 7. | Df3—a8: | Lc8—b7 |
| 8. | Da8—a7: | e7—e6 |

Schwarz droht Sc6 und der weißen Dame ist es nicht möglich zu entkommen.

26. F r a g e. Was kann auf 9. d5 weiter folgen?

**Nr. 112**

1. d2—d4 d7—d5
2. c2—c4 c7—c6
3. Sb1—c3 d5—c4:
4. e2—e4 e7—e5
5. Lf1—c4: e5—d4:

Auf Dd4: ist 6. Db3 sehr stark.

6. Sg1—f3! d4—c3:

Dr. Euwe zog in seinem letzten Wettkampf (1937) gegen Dr. Aljechin 6. . . . ., b5?, was wegen 7. Sb5: verfehlt war.

7. Lc4—f7‡ Ke8—e7
8. Dd1—b3 . . . .

Viel stärker als 8. Lg5†, Sf6 9. Dd8‡, Kd8: 10. e5.

8. . . . . Sg8—f6
9. e4—e5 Sf6—e4
10. 0—0.

Der Angriff des Weißen ist außerordentlich stark, er wiegt mindestens die geopferte Figur auf.

**Nr. 113**

1. d2—d4 d7—d5
2. c2—c4 d5—c4:
3. Sg1—f3 . . . .

Damit verhindert Weiß den Gegenzug 3. . . . . e5, der auf 3. Sc3 oder 3. e3 möglich ist.

3. . . . . Sg8—f6
4. e2—e3 b7—b5?
5. a2—a4 c7—c6
6. Sf3—e5 Lc8—a6

Besser ist 6. . . . . e6, worauf Weiß mit 7. ab5:, cb5: 8. b3 fortsetzt.

7. a4—b5: c6—b5:
8. b2—b3 c4—b3:
9. Ta1—a6: und gewinnt.

**Nr. 114**

1. d2—d4 d7—d5
2. c2—c4 d5—c4:
3. Sg1—f3 c7—c6
4. e2—e3 b7—b5
5. a2—a4 Dd8—b6
6. a4—b5: c6—b5:

Die kritische Stellung. Der Zug 7. Se5 mit der Drohung Df3 sieht sehr stark aus, Weiß gerät aber damit in eine Falle. Schwarz antwortet 7. . . . . e6 8. Sf7:? (auf 8. Df3 folgt Db7; auf 8. b3 geschieht Lb4†), 8. . . . . Kf7: 9. Df3†, Sf6 10. Da8:, Sc6. Die weiße Dame, die durch 11. . . . ., Lb7 oder Lb4† bedroht ist, findet nicht mehr zurück.

7. b2—b3! c4—b3:
8. Dd1—b3: b5—b4

Falls 8. ...., a6, so 9. Lb5‡; falls 8. ...., Ld7, so 9. Se5.

9. Db3—d5 Lc8—b7

Auf 9. ...., Db7 gewinnt Weiß mit 10. Lb5†, Sd7 11. Ld7‡, Dd7: 12. Da8:.

10. Lf1—b5† Lb7—c6
11. Sf3—e5 Lc6—b5:
12. Dd5—f7‡ und gewinnt.

**Nr. 115**

1. d2—d4 d7—d5
2. c2—c4 d5—c4:
3. Sg1—f3 Sg8—f6
4. e2—e3 e7—e6
5. Lf1—c4: c7—c5
6. 0—0 a7—a6
7. Dd1—e2 Sb8—c6
8. Tf1—d1 ....

Wenn Weiß den folgenden Vormarsch der schwarzen Bauern verhindern will, kann er 8. a4 ziehen. Auf 8. ...., cd4: folgt dann 9. Td1.

8. .... b7—b5
9. Lc4—b3 Dd8—b6

Eine bessere Verteidigung gewährt 9. ...., c4 10. Lc2, Sb4.

10. Sb1—c3 Lc8—b7
11. d4—d5 e6—d5:
12. Lb3—d5: b5—b4

Anscheinend stark, es folgt aber ein gefährlicher Opferangriff, wie er übrigens auch ähnlich in der Partie Dr. Aljechin—Böök aus Margate 1938 vorkommt.

13. Ld5—f7‡ Ke8—f7:
14. De2—c4† Kf7—e8?

Der richtige Zug ist Ke7.

15. Dc4—e6† Lf8—e7
16. Sf3—e5 Th8—f8
17. Td1—d7! und gewinnt.

## Tarrasch-Verteidigung

In der Tarrasch-Verteidigung ergreift Schwarz frühzeitig die Initiative, er nimmt freilich dafür eine gewisse Unsicherheit seiner Mittelstellung in Kauf. Bei bestem Spiele wird Weiß einen deutlichen Stellungsvorteil erringen können, er muß aber auf dem Wege dahin einer Unzahl von Kombinationen und Fallen ausweichen, die den Schwarzen bei ihrem Gelingen rasch in Vorteil bringen.

In Beispiel Nr. 116 glaubt Weiß seinen Gegner überlistet zu haben, fällt aber einem unvermuteten Zwischenschach zum Opfer. Ähnlich geht es in Nr. 117, einem sehr interessanten Beispiel. Die Spielbehandlung des Weißen, die ihm anscheinend Vorteil einbringt, findet eine schöne, zwingende Widerlegung. Bei Nr. 118 wird wieder einmal das Schlagen eines Bauern ohne genügende Vorausberechnung als schlecht erwiesen. Die von Weiß hierbei angewendete Form des Angriffs kommt ziemlich häufig vor. Nr. 119 zeigt die moderne Behandlung der Tarrasch-Verteidigung. Weiß verfehlt die richtige Fortsetzung und verliert eine Figur.

**Nr. 116**

| | | |
|---|---|---|
| 1. | d2—d4 | d7—d5 |
| 2. | c2—c4 | e7—e6 |
| 3. | Sb1—c3 | c7—c5 |
| 4. | Sg1—f3 | c5—d4: |
| 5. | Sf3—d4: | e6—e5 |
| 6. | Sd4—b5 | d5—d4 |
| 7. | Sc3—d5 | Sb8—a6 |
| 8. | Dd1—a4 | Lc8—d7 |

9. Da4—a6:?

Weiß hofft nach 9. . . . ., ba6: mit 10. Sbc7† die Dame zurückzuerobern und den Turm zu gewinnen. Er wird aber sofort schwer enttäuscht.

9. Lf8—b4† und gewinnt.

**Nr. 117**

| | | |
|---|---|---|
| 1. | d2—d4 | d7—d5 |
| 2. | c2—c4 | e7—e6 |
| 3. | Sb1—c3 | Sg8—f6 |
| 4. | Sg1—f3 | c7—c5 |
| 5. | Lc1—g5 | c5—d4: |
| 6. | Sf3—d4: | e6—e5 |
| 7. | Sd4—b5 | a7—a6! |

7. . . . ., d4 würde hier zu einem besseren Endspiel für Weiß führen, nämlich 8. Sd5, Sd5: 9. Ld8:, Lb4† 10. Dd2!, Ld2‡ 11. Kd2:, Kd8: 12. cd5: (Partie Fine—Winter, Hastings 1936/37). Man vergleiche hiermit die im 1. Abschnitt (Seite 8) angegebene Falle!

8. Sc3—d5:? . . . .

Ein Fehler. Besser ist 8. Lf6:, gf6: 9. Sa3.

| | | |
|---|---|---|
| 8. | . . . . | a6—b5: |
| 9. | Sd5—f6‡ | Dd8—f6:! |

Die tief verborgene Falle. Auf 9. . . . ., gf6: wäre Weiß mit Damentausch und 11. Lf6‡ in Vorteil gekommen.

| | | |
|---|---|---|
| 10. | Lg5—f6: | Lf8—b4† |
| 11. | Dd1—d2 | Lb4—d2‡ |
| 12. | Ke1—d2: | g7—f6: |

und gewinnt.

**Nr. 118**

| | | |
|---|---|---|
| 1. | d2—d4 | d7—d5 |
| 2. | c2—c4 | e7—e6 |
| 3. | Sb1—c3 | Sg8—f6 |
| 4. | Sg1—f3 | c7—c5 |
| 5. | e2—e3 | Sb8—c6 |
| 6. | Lf1—d3 | Lf8—e7 |
| 7. | 0—0 | 0—0 |
| 8. | b2—b3 | b7—b6 |
| 9. | Lc1—b2 | Lc8—b7 |
| 10. | Dd1—e2 | d5—c4: |
| 11. | b3—c4: | c5—d4: |
| 12. | e3—d4: | Sc6—d4:? |
| 13. | Sf3—d4: | Dd8—d4: |
| 14. | Sc3—d5 | . . . . |

14. .... Dd4—c5
15. Lb2—f6: g7—f6:

Wenn 15. ...., Lf6:, dann 16. De4, g6 17. Sf6 ╪ und gewinnt.

16. Ta1—d1 ....

Auch 16. Dg4†!, Kh8 17. Dh4 ist sehr stark.

16. .... Lb7—d5:

Auf 16. ...., ed5: gewinnt 17. Dg4†, Kh8 18. Df5.

17. Ld3—h7 ╪ Kg8—h7:
18. De2—h5† Kh7—g7
19. Dh5—g4† Kg7—h7
20. Td1—d3 und gewinnt.

**Nr. 119**

1. d2—d4 d7—d5
2. c2—c4 e7—e6
3. Sb1—c3 c7—c5
4. c4—d5: e6—d5:
5. Sg1—f3 Sb8—c6
6. g2—g3 ....

Ein von Schlechter eingeführtes System.

6. .... Sg8—f6
7. Lf1—g2 Lf8—e7
8. 0—0 0—0
9. d4—c5: ....

Gut und sicher ist die Fortsetzung 9. Lg5.

9. .... d5—d4
10. Sc3—a4 Lc8—f5
11. Lc1—d2 ....

27. Frage. Kennen Sie die richtige Fortsetzung an dieser Stelle für Weiß?

11. .... Lf5—e4
12. Sf3—h4 Le4—g2:
13. Sh4—g2: Sf6—e4
14. Dd1—c2? d4—d3!

Schwarz gewinnt den Läufer d2 oder noch mehr, z. B.: 15. ed3:, Sd4 16. Dd1, Sd2:.

## Orthodoxe Verteidigung

In der Meisterpraxis von heute ist die Orthodoxe Verteidigung außerordentlich häufig anzutreffen. Schwarz erlangt mit ihr ein oft beengtes, aber festes und verteidigungsfähiges Spiel. Allerdings muß er die vielen Tücken dieser Eröffnung genau kennen, sonst fällt er leicht einer Falle seines Gegners zum Opfer. Die hier angegebenen Beispiele zeigen die bedeutendsten Gefahren, die der Lernende vermeiden muß. Ein genaues Studium ist daher von großem Nutzen.

In der streng-orthodoxen Verteidigung mit der Entwicklung b6 und Lb7 sind es die Felder a6 und c6, die leicht schwach werden können.

Nr. 120 ist ein sehr interessantes Beispiel dafür; die darin enthaltene Falle kann in ähnlicher Form häufig vorkommen. In gleicher Weise zeigen Nr. 121 und 122 die Schwäche des schwarzen Damenflügels, wenn sein flankierter Läufer auf b7 durch Tausch beseitigt worden ist.

Ein unerfahrener Spieler kann leicht in die Falle Nr. 123 geraten, wo die schwarze Dame an Luftmangel zugrunde geht. Diese Wendung ist ziemlich einfach, verdient aber schon deshalb Erwähnung, weil ein großer Meister auf diese Art zweimal hereingefallen ist! In Nr. 124 wählt Weiß einen falschen Weg zum Gewinn eines Bauern und Schwarz feiert einen schnellen Sieg. Beispiel Nr. 125 enthält eine weitreichend untersuchte Angriffswendung (15. f4), bei welcher es meist zu scharfem Spiel am schwarzen Königsflügel kommt. Hier bringt ein weißer Freibauer unerwartet die Entscheidung.

In Nr. 126 entlastet Schwarz sein Spiel auf eine Art und Weise (8. . . . . , Se4), die der Lernende gut beachten möge, da sie in vielen Fällen anwendbar ist. Durch eine unvorsichtige Öffnung der Mittellinien kommt Schwarz dann doch noch in Nachteil, weil die schweren Figuren des Weißen eindringen können. Nr. 127 zeigt dieselbe Entlastung wie im vorigen Beispiel, aber einen Zug zu früh, so daß Weiß einen Bauern gewinnt. Auf diese Art sind schon viele Spieler verunglückt. Im letzten Beispiel Nr. 128 tritt der seltene Fall ein, daß Schwarz nachträglich das Damengambit annehmen und auf Behauptung des Gambitbauern spielen darf.

**Nr. 120**

1. d2—d4 d7—d5
2. c2—c4 e7—e6
3. Sb1—c3 Sg8—f6
4. Lc1—g5 Lf8—e7
5. e2—e3 Sb8—d7
6. Sg1—f3 b7—b6

Das ist nicht der richtige Zeitpunkt für die Flankierung des schwarzen Damenläufers. Besser erfolgt sie auf folgende Art: 5. . . . . , 0—0 (statt Sbd7) 6. Sf3, h6 7. Lh4, b6.

7. c4—d5: e6—d5:

Schwarz muß mit dem Springer wiedernehmen.

8. Lf1—b5 Lc8—b7
9. Sf3—e5 0—0
10. Lb5—c6 . . . .

10. . . . . Ta8—b8
11. Lc6—b7: Tb8—b7:
12. Se5—c6 Dd8—e8

13. Sc6—e7‡ De8—e7:
14. Sc3—d5: mit Bauerngewinn.

Auf 14. ...., De4 15. Sf6‡, gf6: 16. Lh6, Dg2: gewinnt Weiß mit 17. Df3!, denn falls dann 17. ...., Df3:, so 18. Tg1†, Kh8 19. Lg7†, Kg8 20. Lf6‡ nebst Matt.

**Nr. 121**

(Bis zum 6. Zuge von Schwarz wie Nr. 120.)

6. .... 0—0
7. Ta1—c1 b7—b6
8. c4—d5: e6—d5:
9. Dd1—a4 Lc8—b7?

28. Frage. Wie setzt Schwarz hier am besten fort?

10. Lf1—a6 Lb7—a6:
11. Da4—a6: c7—c6
12. 0—0 Sf6—e4

Schwarz hat ein schwieriges Spiel. Immerhin ist 12. ...., Dc8 besser als der Springerzug, der die Sache nur verschlimmert.

13. Lg5—e7: Dd8—e7:
14. Da6—b7 Tf8—c8

Auf 14. ...., Dd6 folgt 15. Se4:, de4: 16. Sg5.

15. Sc3—d5: De7—d6
16. Tc1—c6: und gewinnt.

**Nr. 122**

(Bis zum 10. Zuge von Schwarz wie Nr. 121.)

10. .... Dd8—c8
11. La6—b7: Dc8—b7:
12. Sf3—e5 Ta8—d8?

Dies kostet eine Figur. Der einzige Zug des Schwarzen, der materiellen Verlust vermeidet, ist 12. ...., Sb8.

13. Se5—d7: Td8—d7:
14. Lg5—f6: und gewinnt.

**Nr. 123**

1. d2—d4 d7—d5
2. c2—c4 e7—e6
3. Sb1—c3 Sg8—f6
4. Lc1—g5 Lf8—e7
5. e2—e3 Sb8—d7
6. Sg1—f3 0—0
7. Ta1—c1 c7—c6

Die gebräuchlichste Verteidigung.

8. Dd1—c2 a7—a6
9. c4—d5: e6—d5:
10. Lf1—d3 Tf8—e8
11. 0—0 h7—h6
12. Lg5—f4 Sf6—h5?
13. Sc3—d5: mit Bauerngewinn.

Auf 13. ...., cd5:? erobert 14. Lc7 die schwarze Dame.

**Nr. 124**

(Die ersten 7 Züge wie Nr. 123.)

8. Lf1—d3 d5—c4:
9. Ld3—c4: Sf6—d5
10. Lg5—e7: Dd8—e7:
11. Sc3—e4 e6—e5

Dieses sehr interessante Bauernopfer ist eine Falle, die bei richtigem Gegenspiel nicht ausreicht.

12. d4—e5: Sd7—e5:
13. Lc4—d5: c6—d5:
14. Se4—c3? ....

Der beste Weg, den Bauern zu gewinnen, ist 14. Dd5:, Sf3‡ 15. gf3:, Lh3 (stärkere Züge sind nicht da) 16. Tg1 und Weiß hat bei günstiger Stellung einen Bauern mehr.

14. .... Lc8—g4
15. Sc3—d5: De7—d6
16. 0—0 Ta8—d8
17. Sd5—f4 Dd6—h6
18. Dd1—e2 Lg4—f3:
19. g2—f3: g7—g5
20. Sf4—g2 Td8—d2! und gewinnt.

**Nr. 125**

(Die ersten 10 Züge wie Nr. 124.)

11. 0—0 Sd5—c3:
12. Tc1—c3: e6—e5
13. d4—e5: Sd7—e5:
14. Sf3—e5: De7—e5:
15. f2—f4 De5—e7

Auf 15. ...., De4 setzt Weiß mit 16. Lb3 fort. Das beste Feld für die Dame ist f6.

16. f4—f5 Tf8—d8
17. f5—f6! ....

17. .... Td8—d1:?

29. Frage. Was soll Schwarz statt dessen tun?

18. f6—e7: Td1—f1‡
19. Lc4—f1: ....

Auf 19. Kf1:? kann Schwarz sich mit 19. .... Le6 retten.

19. .... Lc8—f5

Falls jetzt 19. ...., Le6, so 20. Td3, Ld5 21. e4 und gewinnt.

20. e3—e4 Lf5—e4:

Oder 20. ...., Lg6 21. Td3, Te8 22. Td8, f6 23. Lc4†, Kh8 24. Le6 nebst Ld7.

21. Tc3—e3 f7—f5
22. Lf1—c4† Kg8—h8
23. Lc4—f7 und gewinnt.

**Nr. 126**

(Die ersten 7 Züge wie Nr. 123.)

8. Dd1—c2 Sf6—e4!
9. Lg5—e7: Dd8—e7:
10. Lf1—d3 ....

Auf 10. Se4:, de4: 11. De4: will Schwarz mit 11. .... Db4† den zeitweilig geopferten Bauern zurückgewinnen.

| | | |
|---|---|---|
| 10. | .... | Se4—c3: |
| 11. | Dc2—c3: | d5—c4: |
| 12. | Ld3—c4: | b7—b6 |
| 13. | 0—0 | Lc8—b7 |
| 14. | Lc4—e2 | c6—c5 |
| 15. | Tf1—d1 | c5—d4:? |

Der entscheidende Fehler. Nach 15. ...., Tfd8 stehen die Spiele vollkommen gleich.

| | | |
|---|---|---|
| 16. | Dc3—c7 | Ta8—b8 |
| 17. | Td1—d4: | Tf8—c8 |
| 18. | Td4—d7: | De7—f6 |

Auch der bessere Zug De8 hilft nicht mehr, Weiß zieht darauf 19. Se5, Tc7: 20. Tcc7:.

| | | |
|---|---|---|
| 19. | Dc7—b8:! | Tc8—b8: |
| 20. | Td7—b7: | und gewinnt. |

**Nr. 127**

(Die ersten 6 Züge wie Nr. 123.)

| | | |
|---|---|---|
| 7. | Dd1—c2 | Sf6—e4? |

Was im vorigen Beispiel gut war, kostet hier einen Bauern.

| | | |
|---|---|---|
| 8. | Lg5—e7: | Dd8—e7: |
| 9. | c4—d5: | Se4—c3: |
| 10. | Dc2—c3: | e6—d5: |
| 11. | Dc3—c7: | mit Bauerngewinn. |

Derselbe Reinfall kann sich mit 7. Tc1, Se4? ergeben.

**Nr. 128**

| | | |
|---|---|---|
| 1. | d2—d4 | d7—d5 |
| 2. | c2—c4 | e7—e6 |
| 3. | Sb1—c3 | Sg8—f6 |
| 4. | Sg1—f3 | a7—a6 |
| 5. | Lc1—g5 | d5—c4: |
| 6. | e2—e3 | b7—b5 |
| 7. | a2—a4 | c7—c6 |
| 8. | a4—b5: | .... |

Weiß tut besser, nicht auf Rückeroberung des Bauern, sondern auf Angriff zu spielen: 8. Se5 nebst Df3.

| | | |
|---|---|---|
| 8. | .... | c6—b5: |
| 9. | Sc3—b5: | Dd8—b6 |
| 10. | Sb5—c3 | .... |

Auf 10. Lc4: spielt Schwarz 10. ...., ab5:!

| | | |
|---|---|---|
| 10. | .... | Db6—b2: |
| 11. | Dd1—c1 | Lf8—a3! |

Einen ganz ähnlichen Kraftzug haben wir schon im Beispiel Nr. 79 kennengelernt.

| | | |
|---|---|---|
| 12. | e3—e4 | Db2—c1 † |
| 13. | Lg5—c1: | La3—b4 |

Schwarz gewinnt bei ausgezeichneter Stellung einen Bauern.

### Cambridge-Springs-Verteidigung

Diese Verteidigung, die als vollwertig anzusehen ist, führt häufig zu lebhaften Wendungen, in denen unerfahrene Spieler leicht verunglücken können. Dem Lernenden ist warm zu empfehlen, die Weltmeisterschaftskämpfe Dr. Aljechins gegen Capablanca und Bogoljubow zu studieren, wo er wertvolle Aufschlüsse über die Cambridge-Springs-Verteidigung erhalten wird.

Beispiel Nr. 129 folgt einer Turnierpartie zwischen Grünfeld und Bogoljubow aus Mährisch-Ostrau 1923 und endet in einem überraschenden Damenfang. Nr. 130 zeigt die Gefahr auf, die der Schwarze bei einer Schwächung seiner Königsstellung durch den Zug f5 läuft, während er in Nr. 131 an den Folgen eines verfrühten Vorstoßes c5 schwer leiden muß.

Die beiden letzten Beispiele beschäftigen sich mit der jugoslavischen Variante. In Nr. 132 begegnet Weiß den Schwierigkeiten, die nach einem Bauernraub entstehen, in unsachgemäßer Weise und geht rasch zugrunde. Nr. 133 ist das Gegenstück hierzu, Weiß und Schwarz haben die Rollen vertauscht. Das Beispiel ist eine schöne Gewinnpartie Ståhlbergs aus Zoppot 1935 und sieht den Weißen als Sieger.

**Nr. 129**

1. d2—d4 d7—d5
2. c2—c4 e7—e6
3. Sb1—c3 Sg8—f6
4. Lc1—g5 Sb8—d7
5. e2—e3 ....

Wie bereits im 1. Abschnitt erwähnt, gerät Weiß mit 5. cd5:, ed5: 6. Sd5:? in eine Falle: 6. ...., Sd5:! 7. Ld8:, Lb4† und Schwarz gewinnt eine Figur.

5. .... c7—c6
6. Sg1—f3 Dd8—a5
7. Sf3—d2 Lf8—b4
8. Dd1—c2 0—0
9. Lf1—e2 ....

Wieder ist eine Falle zu beachten: 9. Ld3?, dc4: mit Gewinn des Läufers g5, der durch den Damenausfall 6. ...., Da5 stets bedroht ist.

9. .... e6—e5
10. d4—e5: ....

Der ruhige Zug 10. 0—0 gibt dem Weißen das etwas bessere Spiel.

10. .... Sf6—e4
11. Sd2—e4: d5—e4:
12. 0—0 Lb4—c3:
13. b2—c3: Sd7—e5:
14. Dc2—e4: ....

Nach 14. Le7 steht Weiß noch immer sehr gut.

14. .... f7—f6
15. Lg5—f4? Lc8—f5!

Schwarz gewinnt die Dame.

**Nr. 130**

(Bis zum 8. Zuge von Schwarz wie Nr. 129.)

8. .... Sf6—e4

| | | |
|---|---|---|
| 9. | Sd2—e4: | d5—e4: |
| 10. | Lg5—h4 | .... |

Ein viel besserer Zug als 10. Lf4.

| | | |
|---|---|---|
| 10. | .... | e6—e5 |
| 11. | Lf1—e2 | 0—0 |
| 12. | 0—0 | f7—f5 |

Dies gestattet dem Weißen eine bemerkenswerte Kombination, wonach dem Schwarzen ein schlechtes Spiel bleibt. Aber die andere Möglichkeit 12. ...., Lc3: ist nicht sehr einladend, denn Weiß behält zwei starke Läufer, von denen besonders der auf h4 sehr gut verwendbar ist.

13. Sc3—e4:!

Ein sehr interessantes Opfer, welches den schwarzen Königsflügel zerbricht und das Spiel zum Vorteil von Weiß öffnet.

| | | |
|---|---|---|
| 13. | .... | f5—e4: |
| 14. | a2—a3 | Lb4—d6 |
| 15. | b2—b4 | Da5—c7 |

Schwarz kann die Mehrfigur nicht behaupten und der Damenzug ist noch am besten. Wenn statt dessen 15. ...., Lb4: 16. ab4:, Db4: geschieht, dann gewinnt Weiß mit 17. De4:, ed4: 18. Ld3, g6 19. Le7.

| | | |
|---|---|---|
| 16. | c4—c5 | e5—d4: |
| 17. | c5—d6: | Dc7—d6: |
| 18. | Le2—c4† | Kg8—h8 |
| 19. | Dc2—e4: | Sd7—b6 |

Schwächer ist 19. ...., de3:, was dem Weißen ein mächtiges Angriffsspiel gestatten würde.

| | | |
|---|---|---|
| 20. | Lh4—e7 | Tf8—e8 |
| 21. | Lc4—d3 | Dd6—g6 oder —h6 |

22. De4—d4: und Weiß hat einen Bauern mehr.

**Nr. 131**

(Bis zum 7. Zuge von Schwarz wie Nr. 129.)

| | | |
|---|---|---|
| 7. | .... | d5—c4: |

Ein vorsichtiger Zug, der aber dem Weißen die Herrschaft über die Mitte einräumt.

| | | |
|---|---|---|
| 8. | Lg5—f6: | Sd7—f6: |
| 9. | Sd2—c4: | Da5—c7 |
| 10. | Lf1—d3 | Lf8—e7 |
| 11. | 0—0 | 0—0 |
| 12. | Ta1—c1 | c6—c5? |

Dieser Versuch, das Spiel zu befreien, erfolgt ohne genügende Vorbereitung. Weiß hat aber auf alle Fälle ein prachtvolles, freies Spiel.

| | | |
|---|---|---|
| 13. | d4—c5: | Dc7—c5: |

Ob 13. ...., Lc5:, was auch erfolgen könnte, eine Verbesserung darstellt, ist sehr fraglich.

| | | |
|---|---|---|
| 14. | Dd1—f3 | Ta8—b8 |

Dieser unerfreuliche Zug ist eine notwendige Vorbereitung zur Entwicklung des Damenläufers.

| | | |
|---|---|---|
| 15. | Sc3—e4 | Sf6—e4: |
| 16. | Df3—e4: | g7—g6 |
| 17. | De4—f4 | Lc8—d7 |
| 18. | Sc4—e5 | Dc5—d6 |
| 19. | Tf1—d1 | Tb8—c8 |
| 20. | Ld3—c4 | und gewinnt. |

**Nr. 132**

(Die ersten 6 Züge wie Nr. 129.)

| | | |
|---|---|---|
| 7. | c4—d5: | Sf6—d5: |

Die jugoslavische Variante. Schwarz nimmt auf d5 mit dem Springer wieder, um in der Diagonale a5—e1 schärfer angreifen zu können.

| | | |
|---|---|---|
| 8. | Dd1—b3 | Lf8—b4 |
| 9. | Ta1—c1 | e6—e5 |
| 10. | Sf3—e5: | .... |

Der stärkste Zug ist 10. Lc4.

| | | |
|---|---|---|
| 10. | .... | Sd7—e5: |
| 11. | d4—e5: | Lc8—e6 |
| 12. | a2—a3 | Lb4—c3† |
| 13. | b2—c3: | 0—0 |
| 14. | Lf1—c4? | .... |

Richtig ist hier 14. Db2.

| | | |
|---|---|---|
| 14. | .... | h7—h6 |
| 15. | Lg5—h4 | Sd5—e3:! |

und Schwarz ist im Vorteil.

(Siehe Stellungsbild)

30. Frage. Wie würden Sie nach 16. fe3: den Angriff des Schwarzen fortführen?

**Nr. 133**

(Die ersten 6 Züge wie Nr. 129.)

| | | |
|---|---|---|
| 7. | c4—d5: | Sf6—d5: |
| 8. | Dd1—d2 | Sd7—b6 |
| 9. | Ta1—c1 | Sd5—c3: |
| 10. | b2—c3: | Sb6—d5 |
| 11. | Lf1—c4 | Sd5—c3:? |

Eine Falle, in der sich Schwarz selbst fängt. Der richtige Zug ist 11. ...., b5.

| | | |
|---|---|---|
| 12. | 0—0! | .... |

Den Springer darf Weiß wegen 12. ...., Lb4 nicht schlagen.

| | | |
|---|---|---|
| 12. | .... | Lf8—b4 |
| 13. | a2—a3 | Da5—a3: |

Ähnliche Wendungen kamen in einer 1935 gespielten Wettkampfpartie Dr. Aljechin—Dr. Euwe vor, nur stand der weiße Königsläufer auf d3.

| | | |
|---|---|---|
| 14. | Tc1—a1 | Sc3—e4 |
| 15. | Dd2—e2 | Da3—c3 |
| 16. | Tf1—c1 | und gewinnt. |

### Halbslavische Verteidigung

Von den hierher gehörigen Verteidigungen, in denen Schwarz sich mit den Zügen e6 und c6 aufbaut, ist wohl die Meraner Variante am bekanntesten. Das Beispiel Nr. 134 zeigt eine der vielen Kombinationen und Fallen, die in dieser interessanten und schwierigen Spielweise möglich sind. In Nr. 135 mißachtet Schwarz die Bedrohung seiner Königsstellung und wird mit Hilfe von Figurenopfern mattgesetzt. Der Lernende möge diese Art des Doppelopfers auf f7 und e6 gut beachten. Es ist dann anwendbar, wenn f7 nur vom König geschützt ist und weder der schwarze Damenläufer noch der Königsturm den Punkt e6 decken. Der schwarze König soll so ins Freie gejagt und mattgesetzt werden. Nr. 136 enthält eine häufig in ähnlicher Form wiederkehrende Wendung, die dem Schwarzen einen wichtigen Bauern kostet. Ein typisches Fallenspiel zeigt Nr. 137: Das Bauernopfer des Weißen ist bei richtiger Verteidigung unzureichend.

Als letztes Beispiel (Nr. 138) ist eine Probe der sehr verwickelten Wiener Variante angefügt, die eigentlich nicht in diesen Abschnitt gehört. Hier gilt es für beide Teile, ungewöhnlich viele Fallen und Abwege zu vermeiden, und eine genaue Kenntnis der einzelnen Verzweigungen ist unerläßlich. Unser Beispiel folgt einer prächtigen Partie zwischen Apscheneek und Grünfeld aus den Länderkämpfen in Folkestone 1933.

**Nr. 134**

| | | |
|---|---|---|
| 1. | d2—d4 | d7—d5 |
| 2. | c2—c4 | e7—e6 |
| 3. | Sb1—c3 | Sg8—f6 |
| 4. | Sg1—f3 | c7—c6 |
| 5. | e2—e3 | Sb8—d7 |
| 6. | Lf1—d3 | d5—c4: |
| 7. | Ld3—c4: | b7—b5 |
| 8. | Lc4—d3 | a7—a6 |
| 9. | e3—e4 | c6—c5 |
| 10. | e4—e5 | c5—d4: |

(Siehe Stellungsbild)

| | | |
|---|---|---|
| 11. | Sc3—b5: | Sd7—e5: |
| 12. | Sf3—e5: | a6—b5: |
| 13. | Dd1—f3 | .... |

Ein Bauernopfer, das dem Schwarzen große Schwierigkeiten bereitet.

13. .... Ta8—a5?

Die richtige Verteidigung ist Lb4† 14. Ke2, Tb8.

14. 0—0 ....

Nutzlos ist 14. Sc6 wegen des Gegenangriffs Lb7.

14. .... b5—b4
15. Lc1—f4 Lf8—e7
16. Tf1—c1 0—0
17. Df3—h3 mit sehr starkem Angriff.

Auf 17. ...., Lb7 folgt 18. Sg4 und Weiß droht zweierlei: 19. Sf6‡ nebst Matt, oder 19. Lc7 mit Qualitätsgewinn.

31. Frage. Wie setzt Weiß den Angriff nach 17. ...., Tc5 fort?

**Nr. 135**

(Bis zum 6. Zuge von Schwarz wie Nr. 134.)

6. .... Lf8—e7
7. 0—0 0—0
8. e3—e4 d5—c4:

Schwarz muß auf e4 die Bauern tauschen und dann 9. ...., b6 ziehen.

9. Ld3—c4: Tf8—e8
10. Sf3—g5 h7—h6?

Stürzt in die vom Gegner vorbereitete Falle.

11. Sg5—f7: Kg8—f7:
12. Lc4—e6‡! ....

12. .... Kf7—e6:?

Schwarz sollte wenigstens 12. ...., Kf8 13. e5, Sb6 spielen.

13. Dd1—b3† Sf6—d5
14. Sc3—d5: Ke6—f7
15. Sd5—f4† Kf7—f8
16. Sf4—g6‡.

**Nr. 136**

1. d2—d4 d7—d5
2. c2—c4 e7—e6
3. Sb1—c3 Sg8—f6
4. Sg1—f3 Sb8—d7
5. c4—d5: e6—d5:
6. Lc1—f4 c7—c6
7. e2—e3 Lf8—e7
8. Lf1—d3 0—0
9. h2—h3 Tf8—e8
10. 0—0 Sd7—f8
11. Sf3—e5 Le7—d6
12. Lf4—g3 ....

Der Läufer macht dem f-Bauern Platz und stellt mit dem Rückzug nach g3 (statt h2) dem Schwarzen eine Falle.

12. .... Sf6—d7?
13. Se5—f7: mit Bauerngewinn.

**Nr. 137**

(Die ersten 5 Züge wie Nr. 136.)

6. Dd1—b3 c7—c6
7. e2—e4 ....

Dieses Bauernopfer ist unrichtig, wenn Schwarz die stärkste Entgegnung findet, nämlich 7. ...., Se4: 8. Se4:, De7!.

7. .... d5—e4:?
8. Sf3—g5 Dd8—e7
9. Lf1—c4 mit Vorteil für Weiß.

**Nr. 138**

| | | |
|---|---|---|
| 1. | d2—d4 | d7—d5 |
| 2. | c2—c4 | e7—e6 |
| 3. | Sg1—f3 | Sg8—f6 |
| 4. | Lc1—g5 | Lf8—b4† |
| 5. | Sb1—c3 | d5—c4: |
| 6. | e2—e4 | c7—c5 |
| 7. | e4—e5 | .... |

Auf 7. dc5: muß sich Schwarz vor folgender Übereilung hüten: 7. ...., Dd1‡ 8. Td1:, Se4:?? 9. Td8‡ und richtig 7. ...., Da5 ziehen.

| | | |
|---|---|---|
| 7. | .... | c5—d4: |
| 8. | e5—f6: | .... |

32. Frage. Kennen Sie die Folgen von 8. Da4†?

| | | |
|---|---|---|
| 8. | .... | g7—f6: |
| 9. | Dd1—a4† | Sb8—c6 |
| 10. | 0—0—0 | Lb4—c3: |
| 11. | Lg5—h4? | .... |

Weiß sollte 11. bc3:, fg5: 12. Sd4: ziehen.

| | | |
|---|---|---|
| 11. | .... | b7—b5! |
| 12. | Da4—b5: | Ta8—b8 |
| 13. | Db5—c6‡ | Lc8—d7 |
| 14. | Dc6—c4: | Lc3—b2‡ |

Schwarz hat einen überaus starken Angriff, der mit 15. ...., Da5 fortgesetzt wird.

## Slavische Verteidigung

Neben der Orthodoxen ist die Slavische Verteidigung die beliebteste gegen das Damengambit. Sie gewährt dem Schwarzen in vielen Fällen lebhaften Gegenangriff, die Aussichten des Weißen sind aber ebenfalls sehr beträchtlich. Zum Unterschied von der Orthodoxen Verteidigung, wo Schwarz mit dem Zuge e6 den Damenläufer einschränkt, vollzieht sich in der Slavischen die Entwicklung dieses Läufers ohne Schwierigkeit. Allerdings muß Schwarz dann mit einer gewissen Schutzbedürftigkeit seines Damenflügels rechnen.

Ein gutes Beispiel hierfür ist Nr. 139. Wer den richtigen Zug für Schwarz (7. ...., Sfd7) nicht kennt oder findet, gerät mit dieser Falle in erheblichen Nachteil. Die nächsten Beispiele beschäftigen sich mit der nachträglichen Annahme des Damengambits, die weniger den Zweck verfolgt, den Gambitbauern zu behaupten, als vielmehr die Entwicklung des Weißen zu stören. Daß Schwarz in Nr. 140 mit der Angenommenen Slavischen einen derart durchschlagenden Erfolg erzielt, ist einem schweren Fehler des Weißen zuzuschreiben.

Sehr bemerkenswert ist Nr. 141, wo Schwarz ein Damenopfer auf lange Sicht bringt. Das Material, das als Ersatz der geopferten Dame gewonnen wird, ist an und für sich nicht ausreichend, die Stellung des Schwarzen ist aber überwältigend stark. Wie Weiß richtig spielen soll, ist aus einer Partie Dr. Aljechins gegen Dr. Euwe des ersten Weltmeisterschaftskampfes zwischen ihnen zu ersehen. Überhaupt sind die beiden Wettkämpfe Aljechin—Euwe 1935 und 1937 für das Studium der Slavischen Verteidigung von grundlegender Bedeutung.

In Nr. 142 vernachlässigt Schwarz die Entwicklung und wird durch ein Bauernopfer des Weißen schwer bestraft. Nr. 143 zeigt die weiße Dame auf Abwegen und die üblichen Folgen solcher Abenteuer. Das Gegenstück hierzu ist Nr. 144, wo Schwarz ein Figurenopfer bringt, mit der zu früh in den Kampf geführten Dame aber nicht viel ausrichten kann und sie sogar einbüßt.

Besondere Beachtung verdient das sehr interessante und verwickelte Beispiel Nr. 145. Schwarz glaubt, daß das Opfer seines c-Bauern nur vorübergehend sei, gerät aber beim Rückgewinn des Bauern in eine Verluststellung.

Nr. 146 zeigt auf Seite des Schwarzen den sogenannten Stonewall, einen schwer zu behandelnden Aufbau, von welchem dem weniger erfahrenen Spieler abzuraten ist. Hier kommt Weiß mit einem Durchbruch im Zentrum, den der Schwarze scheinbar besonders gründlich verhindert hat, in Vorteil.

In Nr. 147 tritt der sehr seltene Fall ein, daß ein Bauer bereits in einem sehr frühen Stadium der Partie den sofortigen Gewinn erzwingt. Wer würde daran denken, in einem Damengambit einen Bauern schon im 10. Zuge in die Dame zu führen?

**Nr. 139**

| | | |
|---|---|---|
| 1. | d2—d4 | d7—d5 |
| 2. | c2—c4 | c7—c6 |
| 3. | Sg1—f3 | Sg8—f6 |
| 4. | e2—e3 | Lc8—f5 |
| 5. | c4—d5: | c6—d5: |
| 6. | Sb1—c3 | e7—e6 |
| 7. | Sf3—e5 | .... |

Eine Falle, auf die die richtige Antwort nicht leicht zu finden ist.

7. Sb8—d7?

Der entscheidende Fehler. Merkwürdigerweise muß der andre Springer auf dieses Feld ziehen, also 7. ...., Sfd7! geschehen.

8. g2—g4 Sd7—e5:?

Nicht viel besser ist 8. ...., Lg6 9. h4, h6 10. Sg6:, fg6: 11. Ld3, denn die Bauernstellung am schwarzen Königsflügel ist arg zersplittert.

9. d4—e5: Sf6—g4:

10. Dd1—a4† Ke8—e7
11. Da4—b4† Ke7—d7
12. Db4—b7‡ und gewinnt.

**Nr. 140**

1. d2—d4 d7—d5
2. c2—c4 c7—c6
3. Sg1—f3 Sg8—f6
4. Sb1—c3 d5—c4:
5. e2—e3 b7—b5
6. a2—a4 b5—b4
7. Sc3—b1 Lc8—a6
8. Dd1—c2 b4—b3

Gegen einen Spieler, der die folgende Falle zu durchschauen vermag, ist der Zug 8. ....., e6 angebracht.

9. Dc2—c3? ....

33. Frage. Wie setzt Weiß richtig fort?

9. .... Sf6—e4
10. Dc3—b4 e7—e6

mit Gewinn der weißen Dame.

**Nr. 141**

1. d2—d4 d7—d5
2. c2—c4 c7—c6
3. Sg1—f3 Sg8—f6
4. Sb1—c3 d5—c4:
5. a2—a4 ....

Im vorigen Beispiel war der Vormarsch des schwarzen b-Bauern lästig. Diesmal wird er vom Weißen nicht zugelassen.

5. .... e7—e6
6. e2—e4 Lf8—b4
7. e4—e5 Sf6—e4
8. Dd1—c2 Dd8—d5

Schwarz treibt ein gefährliches Spiel, da er für einen Angriff nicht genügend entwickelt ist.

9. Lc1—d2? ....

Die richtige Fortsetzung ist 9. Le2, c5 10. 0—0, Sc3: 11. bc3:, cd4: 12. cd4:, c3 13. Ld2! mit Vorteil für den Weißen.

9. .... Se4—d2:!

10. Sc3—d5: Sd2—f3‡
11. Ke1—d1 c6—d5:
12. g2—f3: Sb8—c6

Schwarz hat die besseren Aussichten, obwohl er nach dem Zuge 13. ....., Sd4: nur Läufer, Springer und zwei Bauern für die Dame hat.

**Nr. 142**

(Bis zum 5. Zuge von Schwarz wie Nr. 141.)

5. .... Lc8—f5
6. Sf3—e5 c6—c5?

Die stärkste Antwort 6. ....., Sbd7 wird in den nächsten zwei Beispielen ausgeführt.

7. e2—e4 Sf6—e4:?

Durch diesen Bauernraub stürzt Schwarz in eine Falle, die ihn mindestens eine Figur kostet.

8. Dd1—f3 c5—d4:

Auf 8. ...., Sd6 folgt 9. dc5:.

9. Df3—f5: Se4—d6
10. Lf1—c4:! e7—e6
11. Lc4—b5† Ke8—e7

12. Sc3—d5† e6—d5:
13. Se5—g6† h7—g6:

Oder 13. ...., fg6: 14. Lg5‡.

14. Df5—e5‡.

**Nr. 143**

(Bis zum 6. Zuge von Schwarz wie Nr. 141.)

5. .... Lc8—f5
6. Sf3—e5 Sb8—d7
7. Se5—c4: Dd8—c7
8. Dd1—b3 ....

Die beste Fortsetzung ist 8. g3, worauf Schwarz 8. .... e5 antwortet.

8. ... e7—e5

Diesen Zug wollte Weiß durch Bedrohung des Bauern b7 verhindern. Auf 9. Se5:, Se5: 10. de5: folgt nun 10. ...., Le6.

9. d4—e5: Sd7—c5
10. Db3—a2 Sc5—a6
11. e5—f6:?

34. Frage. Wie kann sich Weiß noch retten?

11. .... Sa6—b4
12. f6—g7: Lf8—g7:
13. Da2—b3 Sb4—c2†

und gewinnt.

**Nr. 144**

(Bis zum 7. Zuge von Schwarz wie Nr. 143.)

7. .... e7—e6
8. f2—f3 Lf8—b4
9. e2—e4 Sf6—e4:
10. f3—e4: Dd8—h4†

Das Springeropfer des Schwarzen war verfehlt. Schon im 1. Abschnitt wurde an Hand von Beispielen gezeigt, daß das Damenschach auf h4 oft nicht so stark ist, wie es aussieht.

11. Ke1—d2 Dh4—e4:?

Schwarz vertraut zu sehr auf die Fesselung des Springers c3. Notwendig war 11. ...., Le4:.

12. Sc4—d6† und gewinnt.

**Nr. 145**

(Die ersten 5 Züge wie Nr. 141.)

| | | |
|---|---|---|
| 5. | .... | Lc8—f5 |
| 6. | e2—e3 | e7—e6 |
| 7. | Lf1—c4: | Lf8—b4 |
| 8. | 0—0 | 0—0 |
| 9. | Dd1—e2 | c6—c5 |

9. ...., Se4 oder Lg4 sind bessere Fortsetzungen.

| | | |
|---|---|---|
| 10. | Sc3—a2 | Lb4—a5 |
| 11. | d4—c5: | Sb8—c6 |
| 12. | Tf1—d1 | Dd8—e7 |
| 13. | Sf3—d4 | De7—c5:? |

Nach diesem Fehlzug verliert Schwarz mindestens die Qualität.

35. Frage. Was folgt auf den besseren Zug 13. ...., Tfd8?

14. b2—b4! Sc6—b4:

Oder 14. ...., Lb4: 15. Sc6:, bc6: 16. Sb4:, Db4: 17. La3.

15. Lc1—a3 Tf8—c8

Auf 15. ...., Db6 folgt 16. Sf5:, ef5: 17. Tab1.

| | | |
|---|---|---|
| 16. | Td1—c1 | Dc5—b6 |
| 17. | Sd4—f5: | Sb4—a2: |
| 18. | Sf5—e7† | Kg8—h8 |
| 19. | De2—a2: | und gewinnt. |

**Nr. 146**

| | | |
|---|---|---|
| 1. | d2—d4 | d7—d5 |
| 2. | c2—c4 | c7—c6 |
| 3. | Sg1—f3 | e7—e6 |
| 4. | e2—e3 | f7—f5 |
| 5. | Sb1—c3 | Sb8—d7 |
| 6. | Lf1—d3 | Dd8—f6 |
| 7. | 0—0 | Lf8—d6 |
| 8. | Dd1—c2 | .... |

Weiß droht nun 9. cd5:, worauf Schwarz mit dem c-Bauern wiederschlagen müßte und am Damenflügel in Nachteil käme: 10. Sb5 usw.

8. .... Sg8—e7?

Besser ist Sh6. Dann ist der folgende Durchbruch ebenfalls möglich, aber nur unter Preisgabe einer Figur und großen Verwicklungen: 9. cd5:, ed5: 10. e4!

| | | |
|---|---|---|
| 9. | e3—e4 | f5—e4: |
| 10. | Ld3—e4: | d5—e4: |
| 11. | Sc3—e4:. | |

Schwarz verliert den Läufer d6 (z. B. 11. ...., Lh2‡ 12. Kh2:) und steht dann sehr schlecht.

**Nr. 147**

| | | |
|---|---|---|
| 1. | d2—d4 | d7—d5 |
| 2. | c2—c4 | c7—c6 |
| 3. | Sg1—f3 | Lc8—f5 |
| 4. | Dd1—b3 | Dd8—b6? |
| 5. | c4—d5: | .... |

Der Beginn eines wunderbaren Siegesmarsches dieses Bauern.

5. .... Db6—b3:

Sonst verliert Schwarz einen Bauern.

6. a2—b3: Lf5—b1:

Schwarz ist bereits in ernsten Schwierigkeiten, denn auf 6. ...., cd5: folgt 7. Sc3, e6 8. Sb5 und 8. ...., Sa6 wird dann mit 9. Ta6: beantwortet.

7. d5—c6: Lb1—e4

Hier würde Schwarz besser 7. ...., Sc6: spielen und mit einem Bauern weniger bleiben. Aber er hat offenbar nicht die geringste Ahnung vom schönen Plane des Weißen.

8. Ta1—a7:!

(Siehe Stellungsbild)

Ein Volltreffer. Auf 8. ...., Ta7: folgt 9. c7 und nichts kann das Entstehen einer neuen Dame verhindern.

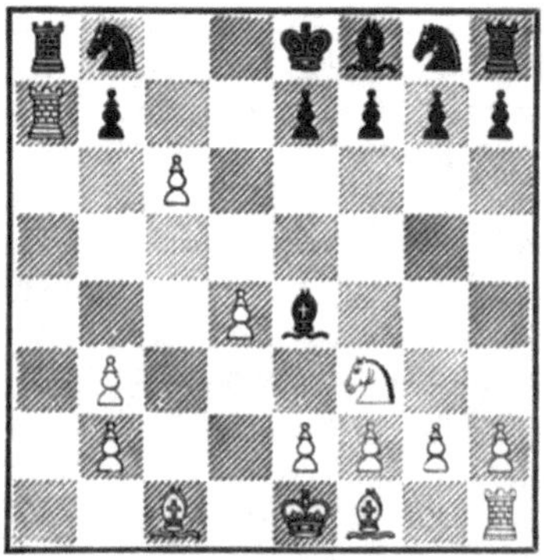

### Albins Gegengambit

Als einziges Beispiel für unregelmäßige Verteidigungen gegen das Damengambit sei Albins Gegengambit angeführt. Das von Schwarz gebrachte Bauernopfer ist nicht völlig korrekt, gibt ihm aber Gelegenheit zu Fallen wie im Beispiel Nr. 148, das einer Partie Albins entnommen ist. Die Variante sieht für Weiß verführerisch aus, führt ihn aber ins Verderben. Ähnlich wie in Nr. 147 gelangt ein Bauer zur Verwandlung, aber sogar noch früher, schon im 7. Zuge, und überdies verwandelt er sich **n i c h t** in eine Dame!

**Nr. 148**

| | | |
|---|---|---|
| 1. | d2—d4 | d7—d5 |
| 2. | c2—c4 | e7—e5 |
| 3. | d4—e5: | d5—d4 |
| 4. | e2—e3? | .... |

Die richtige Fortsetzung ist 4. Sf3, Sc6 5. Sbd2.

| | | |
|---|---|---|
| 4. | .... | Lf8—b4† |
| 5. | Lc1—d2 | d4—e3:! |
| 6. | Ld2—b4: | .... |

Oder 6. fe3:, Dh4† 7. g3, De4 und Schwarz hat das bessere Spiel. Auch nach 6. Da4†, Sc6 7. Lb4: kommt Schwarz in Vorteil, und zwar durch 7. ...., ef2‡ 8. Kf2:, Dh4† 9. g3, Dd4†.

| | | |
|---|---|---|
| 6. | .... | e3—f2‡ |
| 7. | Ke1—e2 | f2—g1‡S! |
| 8. | Ke2—e1 | Dd8—h4† |

mit Vorteil für Schwarz.

### Damenbauerspiel

Wenn Weiß in einer beiderseits mit dem Damenbauern eröffneten Partie den Damengambitzug c4 unterläßt, entsteht zumeist ein ruhiges Spiel, in welchem Kombinationen und Fallen nicht sehr häufig auftreten. Der Lernende darf aber nicht glauben, daß er im Damenbauerspiel der Pflicht enthoben sei, stets nach möglichen Überraschungen Ausschau zu halten.

Der sogenannte Colle-Aufbau ist ein vorzügliches Beispiel für die Notwendigkeit, sich durch das harmlose Aussehen einer Eröffnung nicht täuschen zu lassen. Sein Erfinder hat mit diesem Partieanfang eine Reihe glänzender Siege errungen, von denen zwei in Nr. 149 und 150 wiedergegeben sind. Im ersten Beispiel haben wir es wieder mit dem Läuferopfer auf h7 zu tun, während im zweiten Beispiel gezeigt wird, welche schlimmen Folgen die Lockerung einer Rochadestellung durch Bauernzüge nach sich zieht.

Mit der frühen Entwicklung des weißen Damenläufers beschäftigen sich die nächsten Beispiele. Nr. 151 weist einen Bauernraub durch die schwarze Dame als schädlich nach, während in Nr. 152 ein nicht genügend überlegter Bauernzug den Weißen in Schwierigkeiten bringt. In Nr. 153 begeht Weiß sehr frühzeitig einen Fehler; der Tausch eines entwickelten Läufers gegen einen unentwickelten Springer ist ein armseliger Einfall. Die Spielführung des Schwarzen ist vorbildlich und die mit 10. ...., Td8 beginnende Kombination genauer Beachtung wert.

Das letzte Beispiel Nr. 154 zeigt eigenartige Wendungen. Weiß siegt durch listenreiche Spielführung, doch hätte Schwarz bei sorgfältiger Verteidigung mindestens gleiches Spiel erlangen können.

**Nr. 149**

| | | |
|---|---|---|
| 1. | d2—d4 | d7—d5 |
| 2. | Sg1—f3 | Sg8—f6 |
| 3. | e2—e3 | e7—e6 |
| 4. | Lf1—d3 | c7—c5 |
| 5. | c2—c3 | Sb8—d7 |
| 6. | Sb1—d2 | Lf8—d6 |
| 7. | 0—0 | 0—0 |
| 8. | Tf1—e1 | Tf8—e8 |
| 9. | e3—e4 | d5—e4: |
| 10. | Sd2—e4: | Sf6—e4: |
| 11. | Ld3—e4: | c5—d4:? |

Schwarz muß mit 11. ...., Sf8 oder Sf6 seinen Königsflügel verteidigen.

| | | |
|---|---|---|
| 12. | Le4—h7‡ | Kg8—h7: |
| 13. | Sf3—g5† | Kh7—g6? |
| 14. | h2—h4 | Te8—h8 |
| 15. | Te1—e6‡! | und gewinnt. |

36. Frage. Wie würden Sie den Angriff des Weißen fortführen?

**Nr. 150**

(Bis zum 5. Zuge von Schwarz wie Nr. 149.)

5. .... Sb8—c6

6. Sb1—d2 Lf8—e7
7. 0—0 c5—c4
8. Ld3—c2 b7—b5
9. e3—e4 ....

Dieser Vorstoß im Zentrum ist die richtige Antwort auf das nicht ratsame Vorgehen der schwarzen Bauern am Damenflügel.

9. .... d5—e4:
10. Sd2—e4: 0—0?
11. Dd1—e2 Lc8—b7
12. Sf3—g5 h7—h6
13. Se4—f6‡ Le7—f6:
14. De2—e4 g7—g6

Noch am besten für Schwarz, der durch die Rochade nahezu Selbstmord begangen hat, ist jetzt 14. ...., Te8.

15. Sg5—e6:! und gewinnt.

**Nr. 151**

1. d2—d4 d7—d5
2. Sg1—f3 c7—c5
3. Lc1—f4 Sb8—c6
4. e2—e3 Dd8—b6?
5. Sb1—c3 Db6—b2:

Auf 5. ...., e6 kommt Weiß mit 6. Sb5 in Vorteil.

6. Sc3—b5 Ke8—d7
7. Ta1—b1 Db2—a2:
8. Lf4—c7 ....

Damit droht Damengewinn durch 9. Sc3, Da3 10. Tb3.

8. .... Sc6—b4
9. Sf3—e5† Kd7—e8
10. Tb1—b4: ....

10. .... c5—b4:
11. Sb5—c3 b4—c3:
12. Lf1—b5† Lc8—d7
13. Lb5—d7: matt.

**Nr. 152**

1. d2—d4 d7—d5
2. Sg1—f3 c7—c5
3. Lc1—f4 Sb8—c6
4. e2—e3 e7—e6
5. c2—c3 ....

Jetzt wäre 5. Sc3 eine Falle, die nur auf 5. ...., Ld6? ihre Wirkung tut (nämlich 6. Ld6:, Dd6: 7. Sb5, De7 8. dc5: usw.), nach der richtigen Antwort 5. ...., a6 aber versagt.

5. .... Sg8—f6
6. Sb1—d2 Lf8—d6
7. Lf4—g3 0—0
8. Lf1—d3 Tf8—e8
9. Sf3—e5 ....

Notwendig, um den Gegenzug e5 zu verhindern, nach welchem Schwarz die Oberhand behalten würde.

9. Ld6—e5:

10. d4—e5: Sf6—d7
11. f2—f4? ....

Danach kann Schwarz einen Bauern gewinnen. Weiß sollte den Bauern e5 einstehen lassen und rochieren; auf 11. 0—0, Sde5: 12. Le5: Se5: folgt 13. Lh7†, Kh7: 14. Dh5†, Kg8 15. De5: mit ungefähr gleichem Spiel.

11. .... c5—c4
12. Ld3—c2 Dd8—b6

mit Bauerngewinn.

**Nr. 153**

1. d2—d4 d7—d5
2. Lc1—f4 c7—c5
3. Lf4—b8:? Ta8—b8:
4. d4—c5: e7—e6
5. e2—e3 Sg8—f6
6. Sg1—f3 Lf8—c5:
7. c2—c3 0—0
8. Sb1—d2 Dd8—e7
9. Lf1—d3 e6—e5
10. e3—e4 Tf8—d8

11. Dd1—c2 d5—e4:
12. Sd2—e4: Sf6—e4:
13. Ld3—e4: f7—f5!
14. Le4—f5: ....

Falls 14. Ld3, dann 14. ...., e4 15. Lc4†, Kh8 16. Sd2, e3 und gewinnt; oder 16. Sd4, Ld4: und Schwarz behält bei guter Stellung einen Bauern mehr.

14. .... e5—e4
15. Lf5—e4: ....

Oder 15. De4:, Lf5: und gewinnt.

15. .... Lc8—f5
16. Sf3—d2 Td8—d2: und gewinnt.

**Nr. 154**

1. d2—d4 d7—d5
2. Sb1—c3 Sg8—f6
3. Lc1—g5 Lc8—f5
4. f2—f3 c7—c5

Sicher und gut ist die Fortsetzung 4. ...., c6.

5. Lg5—f6: e7—f6:
6. e2—e4 d5—e4:
7. d4—d5 e4—f3:
8. Dd1—f3: Lf5—c2:?

Schwarz muß sich hier mit 8. ...., Ld7 9. 0—0—0, Ld6 verteidigen.

9. Lf1—b5† Sb8—d7
10. Ke1—d2 Lc2—g6
11. Ta1—e1† Lf8—e7
12. d5—d6 und gewinnt.

## Holländische Verteidigung

So wie nach 1. e4 der Schwarze mit der Sizilianischen Verteidigung 1. ...., c5 sich gegen den Aufzug des zweiten weißen Mittelbauern wendet, ist nach 1. d4 die Holländische Verteidigung 1. ...., f5 gegen den Doppelschritt des Weißen e4 gerichtet. Dadurch tritt zwar eine Entblößung der wichtigen Königsdiagonale e8—h5 des Schwarzen ein; ihre Ausnutzung durch Weiß ist indessen bei ruhigem Stellungsspiel nicht möglich. In diesem Falle baut Schwarz sehr oft einen Stonewall auf und erlangt Gegenmöglichkeiten, die nicht unterschätzt werden dürfen. Sorglosigkeit hätte böse Folgen für Weiß wie in der Falle des Beispiels Nr. 155, das der Partie zwischen Grünfeld und Torre aus dem Meisterturnier von Baden-Baden 1925 entnommen ist.

Wenn Weiß sofort etwas gegen die durch 1. ...., f5 geschwächte schwarze Königsstellung unternehmen will, so muß er das Staunton-Gambit wählen. Ein glänzendes Beispiel ist Nr. 156, das einer 1920 gespielten Partie zwischen Réti und Euwe folgt. Das doppelte Turmopfer des Weißen, das den Raubzug der schwarzen Dame so unerbittlich bestraft, ist von blendender Schönheit. Bemerkenswert ist die originelle Behandlung der Eröffnung durch Weiß in Nr. 157. Sie führt aber nur deshalb so rasch zu einer Gewinnstellung, weil Schwarz auf Behauptung des Gambitbauern, anstatt auf Entwicklung seiner Streitkräfte spielt.

**Nr. 155**

| | | |
|---|---|---|
| 1. | d2—d4 | f7—f5 |
| 2. | g2—g3 | e7—e6 |
| 3. | Lf1—g2 | Sg8—f6 |
| 4. | Sg1—f3 | d7—d5 |
| 5. | 0—0 | Lf8—d6 |
| 6. | c2—c4 | c7—c6 |
| 7. | Dd1—c2 | 0—0 |
| 8. | b2—b3 | .... |

Weiß kann ohne Sorge um seinen c-Bauern 8. Sc3 spielen. Geschieht dann 8. ...., dc4:, so gewinnt Weiß entweder mit 9. Sd2 sofort diesen Bauern zurück oder er bricht noch stärker mit 9. e4 in der Mitte durch.

| | | |
|---|---|---|
| 8. | .... | Sf6—e4 |
| 9. | Lc1—b2 | Sb8—d7 |
| 10. | Sf3—e5 | Dd8—f6 |
| 11. | f2—f3? | Sd7—e5:! |
| 12. | d4—e5:? | .... |

37. Frage. Wie geht das Spiel nach 12. fe4: weiter?

| | | |
|---|---|---|
| 12. | .... | Ld6—c5† |
| 13. | Kg1—h1 | Se4—g3‡ |

Schwarz setzt in zwei Zügen matt.

**Nr. 156**

| | | |
|---|---|---|
| 1. | d2—d4 | f7—f5 |
| 2. | e2—e4 | f5—e4: |
| 3. | Sb1—c3 | Sg8—f6 |
| 4. | Lc1—g5 | g7—g6 |

Mit 4. ...., d5? stürzt Schwarz in folgende Falle: 5. Lf6:, ef6: 6. Dh5†, g6 7. Dd5: und Weiß ist im Vorteil. Der stärkste Zug an dieser Stelle ist 4. ...., c6.

| | | |
|---|---|---|
| 5. | f2—f3 | e4—f3: |
| 6. | Sg1—f3: | Lf8—g7 |
| 7. | Lf1—d3 | c7—c5 |

Eine bessere Entwicklung gewährt 7. ...., d5.

8. d4—d5 Dd8—b6
9. Dd1—d2 ....

Weiß vermeidet die Falle 9. 0—0?, c4† mit Läufergewinn.

9. .... Db6—b2:?
10. Ta1—b1 Sf6—d5:

Diese List wendet sich gegen ihren Urheber, denn Weiß zieht nicht 11. Tb2:?, Lc3: usw., sondern gewinnt in glänzendem Stile. Auch bei der Fortsetzung 10. ...., Da3 11. Sb5, Da2: 12. 0—0 steht Schwarz schlecht genug.

11. Sc3—d5:! Db2—b1‡
12. Ke1—f2 Db1—h1:
13. Lg5—e7: d7—d6
14. Le7—d6: Sb8—c6
15. Ld3—b5 Lc8—d7
16. Lb5—c6: b7—c6:
17. Dd2—e2† und gewinnt.

**Nr. 157**

1. d2—d4 f7—f5
2. e2—e4 f5—e4:
3. Sb1—c3 Sg8—f6
4. g2—g4 d7—d5

Die beste Antwort des Schwarzen ist 4. ...., h6.

5. g4—g5 Sf6—g8
6. f2—f3 e4—f3:?

Schwarz darf nicht auf Bauerngewinn spielen, sondern muß sich mit 6. ...., e5 entwickeln.

7. Dd1—f3: e7—e6
8. Lf1—d3 g7—g6
9. Sg1—e2 Dd8—e7
10. Lc1—f4 ....

Weiß erlangt auf Grund seines riesigen Entwicklungsvorsprunges einen siegreichen Angriff.

38. Frage. Wie setzt Weiß nach 10. ...., c6 fort?

## 5. Abschnitt

# Moderne Eröffnungen

Unter modernen Eröffnungen verstehen wir diejenigen, in welchen die Bildung eines Bauernzentrums von einem oder beiden Spielern nicht angestrebt, bzw. auf später verschoben wird. Die richtige Behandlung dieser Eröffnungen ist sehr schwierig. Jener Spieler, der kein Bauernzentrum errichtet hat, nimmt naturgemäß auf einige Zeit eine sehr beengte Stellung ein. Aber sein Gegner, der den größeren Teil des

Brettes beherrscht, gerät dadurch in Versuchung, zu weit mit seinen Figuren und Bauern vorzurücken. Wenn ein Vorstoß ohne genügende Vorbereitung unternommen wird, so führt er zu Nachteil, denn die vorgeschobenen Truppen sind leicht einem verheerenden Gegenangriff durch die zusammengeballte Streitmacht des Gegners ausgesetzt.

Es liegt auf der Hand, daß bei beiderseits korrekter Spielführung diese Partien im allgemeinen einen ruhigen Spielcharakter tragen werden, und deshalb sind nicht übermäßig viele Gelegenheiten für hübsche Fallen und plötzliche Überfälle vorhanden. Trotzdem kann auch hier der unerfahrene Spieler leicht straucheln und die gebotene Auswahl ist sicherlich für den Leser lehrreich.

### Königsindische Verteidigung

Als Königsindisch bezeichnet man die Verteidigungen, in denen Schwarz seinen Königsläufer flankiert, also seinen Angriff vorzugsweise gegen den weißen Zentrumspunkt d4 richtet. Im Beispiel Nr. 158 kommt Schwarz tatsächlich durch Beherrschung dieses wichtigen Feldes in Vorteil, allerdings hat Weiß durch seine allzu breite Bauernfront und durch den Fehler im 11. Zuge die Sache des Gegners gefördert. Auch in Nr. 159 geht der Kampf zunächst um den Punkt d4. Weiß entwickelt seine Figuren unzweckmäßig, man betrachte nur die schlechte Stellung seiner Dame und seines Königsläufers. Immerhin sind nicht weniger als drei schwache Züge des Weißen nötig, bevor Schwarz einen entscheidenden Vorteil erlangen kann.

Die anderen drei Beispiele zeigen eine vorsichtigere Zentrumsbehandlung durch den Weißen, der dafür seine Angriffsaussichten am Königsflügel kräftig wahrnimmt. Nr. 160 ist eine Wettkampfpartie zwischen Dr. Euwe und Dr. Aljechin (1935), in welcher ein Turmopfer auf h7 zugunsten des Weißen entscheidet. In Nr. 161 wird auf h5 der Turm und dann erst auf h7 geopfert, in Nr. 162 platzt die Bombe auf dem Punkte f7. Die beengten Stellungen, die in den modernen Eröffnungen bei Schwarz entstehen, müssen von wenig erfahrenen Spielern besonders sorgfältig auf derartige Überfälle geprüft werden.

**Nr. 158**

Das Indische Vierbauernspiel.

| | | |
|---|---|---|
| 1. | d2—d4 | Sg8—f6 |
| 2. | c2—c4 | g7—g6 |
| 3. | Sb1—c3 | Lf8—g7 |
| 4. | e2—e4 | d7—d6 |
| 5. | f2—f4 | 0—0 |
| 6. | Sg1—f3 | c7—c5 |
| 7. | d4—d5 | .... |

Auf. 7. dc5: folgt 7. ...., Da5 8. cd6:, Se4:. Gut ist hingegen der Entwicklungszug 7. Le2!

7. .... e7—e6
8. d5—e6: f7—e6:
9. Lf1—e2 Sb8—c6
10. 0—0 Dd8—e7
11. Lc1—e3? Sf6—g4
12. Le3—d2 ....

Nach 12. Dd2 gewinnt Schwarz mit 12. ...., Se3: 13. De3:, Ld4 mindestens eine Figur.

12. .... Sc6—d4
13. Kg1—h1 Sd4—f3:
14. Le2—f3: Sg4—h2:! und gewinnt.

**Nr. 159**

1. d2—d4 Sg8—f6
2. c2—c4 g7—g6
3. Sb1—c3 Lf8—g7
4. e2—e4 d7—d6
5. Sg1—f3 0—0
6. Lf1—d3 ....

Hier steht der Läufer ungünstig. Weiß sollte 6. Le2 ziehen und falls dann 6. ...., Lg4, so 7. Le3.

6. .... Lc8—g4
7. h2—h3 Lg4—f3:
8. Dd1—f3: Sb8—c6
9. Lc1—e3? ....

Ein besserer Zug ist 9. d5.

9. .... Sf6—d7
10. Sc3—e2? Sd7—e5!

(Siehe Stellungsbild)

11. d4—e5: Sc6—e5:
12. Df3—g3 Se5—d3† und gewinnt.

**Nr. 160**

1. d2—d4 Sg8—f6
2. c2—c4 g7—g6
3. Sb1—c3 d7—d5

Die Grünfeld-Verteidigung.

39. Frage. Was plant Schwarz nach den Zügen 4. cd5:, Sd5: 5. e4?

4. Lc1—f4 Sf6—h5

Eine Falle. Kräftiger ist aber 4. ...., Lg7 nebst 0—0.

5. Lf4—e5! ....

Weiß vermeidet den Reinfall 5. Sd5:?, Sf4: 6. Sf4:, weil Schwarz nach 6. ...., e5 ein tödliches Läuferschach auf b4 drohen würde; falls dann 7. Sd3, so e4.

5. .... f7—f6
6. Le5—g3 Sh5—g3:
7. h2—g3: c7—c6
8. e2—e3 Lf8—g7
9. Lf1—d3 0—0?

Der entscheidende Fehler. Es drohte aber 10. Th7:, Th7: 11. Lg6† und Schwarz steht auch bei anderen Verteidigungszügen nicht gut.

10. Th1—h7: und gewinnt.

Auf 10. ...., Kh7: folgt 11. Dh5†, Kg8 12. Lg6:. Schwarz muß zur Abwehr des Matts mit 12. ...., Te8 den Turm zurückgeben und hat dann zwei Bauern weniger.

**Nr. 161**

1. d2—d4 Sg8—f6
2. Sg1—f3 g7—g6
3. Lc1—f4 Lf8—g7
4. e2—e3 0—0
5. Lf1—d3 d7—d6
6. Sb1—d2 Sb8—d7
7. h2—h4 Tf8—e8
8. h4—h5 Sf6—h5:?

Unbedingt nötig ist 8. ...., e5.

9. Th1—h5: g6—h5:
10. Ld3—h7 ‡! ....

10. .... Kg8—h7:
11. Sf3—g5† Kh7—g6

Falls 11. ..., Kg8, so 12. Dh5:, e5 13. Df7 ‡, Kh8 14. 0—0—0 und gewinnt.

12. Sd2—f3 e7—e5
13. Sf3—h4† Kg6—f6
14. Dd1—f3 und gewinnt.

**Nr. 162**

1. d2—d4 Sg8—f6
2. Sg1—f3 g7—g6
3. Lc1—f4 Lf8—g7
4. Sb1—c3 d7—d6
5. e2—e4 Sb8—d7
6. Lf1—c4 ....

Damit droht Weiß auf f7 zu opfern, nämlich 7. Lf7 ‡, Kf7: 8. Sg5†, Kg8 9. Se6, De8 10. Sc7: nebst Sa8:.

6. .... c7—c5
7. e4—e5 Sf6—h5
8. Sf3—g5 0—0

Das Schlagen des Läufers f4 ist ebenfalls möglich, aber doch nicht ohne Gefahr für Schwarz.

9. Dd1—f3 c5—d4:?

40. Frage. Wie setzt Schwarz hier richtig fort?

10. Sg5—f7: Tf8—f7:
11. Lc4—f7 ‡ Kg8—f7:
12. e5—e6†! Kf7—e6:?

Beim Rückzug 12. ...., Kg8 wäre Schwarz mit Qualitätsverlust und erträglichem Spiel davongekommen.

13. Df3—d5† Ke6—f6
14. Lf4—g5‡.

## Damenindische Verteidigung

Die Damenindische Verteidigung ist durch die Flankierung des schwarzen Damenläufers gekennzeichnet. Schwarz strebt demgemäß vor allem nach der Beherrschung des Zentrumspunktes e4 und der weißfeldrigen Hauptdiagonale a8—h1. Auf dieser Zugstraße hat Schwarz öfters Gelegenheit zu kombinatorischen Überfällen. So gewinnt er im Beispiel Nr. 163, das einer Partie Bogoljubows aus dem Turnier zu Göteborg 1920 entnommen ist, durch eine sehr hübsche Kombination eine Figur. Auch in Nr. 164 macht sich die Wichtigkeit der Schrägen a8—h1 durch eine überraschende Mattwendung bemerkbar. Nr. 165 zeigt gleichfalls einen Versuch des Schwarzen, die Wirkung seines Damenläufers seiner Partieführung zugrunde zu legen. Sein 13. Zug ist aber ein Unglückszug und die schwarze Dame wird in bemerkenswerter Weise abgefangen.

In den folgenden Beispielen stößt der schwarze Damenläufer auf den weißen Königsläufer als mindestens gleichwertigen, wenn nicht überlegenen Gegner. Der Zweikampf zwischen dem Läufer g2 und Läufer b7 gibt Gelegenheit zu Fallen der verschiedensten Art, bei denen in der Regel Schwarz der leidende Teil ist. Alle Beispiele dieser Gruppe zeigen dasselbe Bild: Weiß öffnet im geeigneten Augenblick die Schräge g2—b7 und beschäftigt den Schwarzen gleichzeitig durch eine zweite Drohung, so daß Schwarz durch die ungedeckte Stellung des Läufers b7 in Nachteil kommt. Auf Überfälle dieser Art muß der Lernende in der Damenindischen Verteidigung ganz besonders achten; das Studium der angeführten Beispiele wird ihm sehr nützlich sein.

Nr. 166 ist die Monticelli-Falle, in welcher Weiß die Qualität gewinnt. Obwohl Capablanca in zwei seiner Wettkampfpartien gegen Dr. Euwe trotz dieses Materialverlustes Remis erzielen konnte, ist die Variante kaum für Schwarz empfehlenswert. Nr. 167 ist eine Abart dieser Falle. Hier richtet sich die Drohung des Weißen nicht wie im vorigen Beispiel gegen h7, sondern gegen f7, ein Feld, das wir schon oft als Schwäche kennengelernt haben. In Nr. 168 gewinnt Weiß mit Hilfe dieser Art von Fallen einen Bauern. Das Beispiel ist der Turnierpartie zwischen Dr. Euwe und Colle aus Karlsbad 1929 entnommen. Ebenfalls aus der Turnierpraxis, und zwar aus der Partie Bogoljubow—Nimzowitsch, Karlsbad 1923, stammt die ähnliche Falle Nr. 169. Ganz andere Formen desselben Grundgedankens zeigen das sehr verwickelte und interessante Beispiel Nr. 170 und die einfachere Falle Nr. 171.

In den letzten Beispielen taucht eine neue Gefahr auf: Verlust des schwarzen Königsläufers, dessen Stellung auf b4 in vielen modernen Eröffnungen besondere Achtsamkeit erfordert. Die Falle Nr. 172 ist sehr leicht zu durchschauen, trotzdem aber in der neueren Meisterpraxis zweimal vorgekommen und einmal von Weiß sogar nicht ausgenützt worden! Sehr lehrreich ist das Beispiel Nr. 173, wo Weiß durch ein feines Bauernopfer die Bedrohung des Läufers b4 einleitet und schließlich die Qualität gewinnt.

**Nr. 163**

1. d2—d4 Sg8—f6
2. Sg1—f3 e7—e6
3. c2—c4 b7—b6
4. Lc1—g5 Lc8—b7
5. e2—e3 h7—h6
6. Lg5—h4 Lf8—b4†
7. Sb1—d2? ....

Ein schwerer Fehler. Der andere Springer muß dazwischengesetzt werden.

7. .... g7—g5!
8. Lh4—g3 g5—g4

und gewinnt.

Weiß verliert eine Figur, z. B. 9. Se5, Se4 oder 9. a3, gf3: 10. ab4:, fg2: 11. Lg2:, Lg2:.

**Nr. 164**

1. d2—d4 Sg8—f6
2. Sg1—f3 e7—e6
3. c2—c4 b7—b6
4. Sb1—c3 Lc8—b7
5. e2—e3 Lf8—b4
6. Dd1—c2 Sf6—e4
7. Lf1—d3 f7—f5
8. 0—0 Lb4—c3:
9. b2—c3: 0—0
10. Sf3—d2 Dd8—h4
11. g2—g3 ....

Weiß hofft so einen Bauern zu gewinnen, stürzt aber in eine Falle.

(Siehe Stellungsbild)

11. .... Se4—g5!
12. e3—e4? ....

Auf 12. gh4:? folgt Sh3‡. Am besten ist der Zug 12. f3.

12. .... f5—e4:

13. g3—h4: Sg5—h3†
14. Kg1—g2 e4—d3‡
15. Kg2—h3: d3—c2:

mit Vorteil für Schwarz.

**Nr. 165**

1. d2—d4 Sg8—f6
2. Sg1—f3 e7—e6
3. c2—c4 b7—b6
4. Sb1—c3 Lc8—b7
5. Lc1—g5 Lf8—b4
6. e2—e3 Lb4—c3‡
7. b2—c3: Dd8—c8
8. Lg5—f6: g7—f6:
9. Sf3—h4 Ke8—e7
10. Lf1—d3 Dc8—g8

Schwarz hat gekünstelt, aber nicht schlecht gespielt. Er droht nun mit 11. ...., Dg5 den weißen Springer zu gewinnen.

11. f2—f4 h7—h5
12. Dd1—e2 Dg8—g4
13. De2—f2 Sb8—c6?

Der entscheidende Fehler. 13. ...., d6 nebst Sd7 muß geschehen.

14. d4—d5! Sc6—a5

15. Sh4—g6† f7—g6:
16. h2—h3 und gewinnt.

41. Frage. Warum spielt Weiß 14. d5! und nicht sofort 14. Sg6†, fg6: 15. h3?

**Nr. 166**

| | | |
|---|---|---|
| 1. | d2—d4 | Sg8—f6 |
| 2. | Sg1—f3 | e7—e6 |
| 3. | c2—c4 | b7—b6 |
| 4. | g2—g3 | Lc8—b7 |
| 5. | Lf1—g2 | Lf8—b4† |
| 6. | Lc1—d2 | Lb4—d2‡ |
| 7. | Dd1—d2: | 0—0 |
| 8. | Sb1—c3 | Sf6—e4 |
| 9. | Dd2—c2 | Se4—c3:? |
| 10. | Sf3—g5! | .... |

10. .... Sc3—e4

Noch der beste Zug. Falls 10. ...., Dg5:, so 11. Lb7: nebst La8:.

| | | |
|---|---|---|
| 11. | Lg2—e4: | Lb7—e4: |
| 12. | Dc2—e4: | Dd8—g5: |
| 13. | De4—a8:. | |

Weiß hat die Qualität gewonnen, muß aber sorgfältig spielen. Schwarz antwortet am stärksten 13. ...., Sc6.

**Nr. 167**

(Bis zum 7. Zuge von Schwarz wie Nr. 166.)

| | | |
|---|---|---|
| 7. | .... | d7—d6 |
| 8. | Sb1—c3 | Sf6—e4? |
| 9. | Dd2—f4 | Se4—c3:? |

Der schwarze Springer muß sich nach f6 zurückziehen.

| | | |
|---|---|---|
| 10. | Sf3—g5 | Dd8—c8 |
| 11. | Df4—f7‡ | Ke8—d8 |
| 12. | d4—d5! | und gewinnt. |

42. Frage. Warum greift Weiß nicht sofort mit 12. Se6‡ zu?

**Nr. 168**

(Die ersten 6 Züge wie Nr. 166.)

| | | |
|---|---|---|
| 7. | Sb1—d2: | d7—d6 |
| 8. | 0—0 | 0—0 |
| 9. | Tf1—e1 | Sb8—d7 |
| 10. | Dd1—c2 | e6—e5? |
| 11. | Sf3—e5: | Lb7—g2: |
| 12. | Se5—d7: | mit Bauerngewinn. |

Man sieht jetzt, wozu im 9. Zuge Te1 gut war!

**Nr. 169**

(Bis zum 5. Zuge von Schwarz wie Nr. 166.)

| | | |
|---|---|---|
| 5. | .... | Lf8—e7 |
| 6. | 0—0 | 0—0 |
| 7. | Sb1—c3 | d7—d5 |
| 8. | Sf3—e5 | Sb8—d7? |

Dies kostet bald Material. Richtig ist 8. ...., c6 oder Dc8.

9. c4—d5: Sd7—e5:

Oder 9. ...., ed5: 10. Da4 und Schwarz hat nichts Besseres als den traurigen Rückzug 10. ...., Sb8.

10. d5—d6! Lb7—g2:
11. d6—e7: Dd8—e7:
12. d4—e5: Lg2—f1:
13. e5—f6: De7—f6:
14. Dd1—f1: mit Vorteil für Weiß.

**Nr. 170**

(Bis zum 5. Zuge von Schwarz wie Nr. 166.)

5. .... c7—c5
6. d4—d5! e6—d5:
7. Sf3—h4 ....

Eine bemerkenswerte Fesselung des Bauern d5.

7. .... g7—g6
8. Sb1—c3 Lf8—g7
9. 0—0 0—0
10. Lc1—g5 h7—h6
11. Lg5—f6: Lg7—f6:?

Schwarz muß 11. ...., Df6: ziehen und mit 12. Sd5:, Ld5: 13. Dd5:, Sc6! einen Bauern opfern.

12. Sh4—g6:! und gewinnt.

Auf 12. ...., fg6: erobert Weiß mit 13. Ld5‡ die Qualität; auf 12. ...., Te8 folgt günstig 13. Sf4.

**Nr. 171**

1. d2—d4 Sg8—f6
2. Sg1—f3 b7—b6
3. g2—g3 Lc8—b7
4. Lf1—g2 c7—c5
5. c2—c3 g7—g6

Besser ist die Entwicklung mit 5. ...., e6.

6. Dd1—b3 d7—d6?
7. Sf3—e5!.

Weiß gewinnt mindestens einen Bauern: 7. ...., d5 8. dc5: usw.

**Nr. 172**

1. d2—d4 Sg8—f6
2. c2—c4 b7—b6
3. Sb1—c3 Lc8—b7
4. Dd1—c2 e7—e6

Eine schwierige Verteidigung. Schwarz muß den Punkt e4 dem Gegner überlassen.

5. e2—e4 Lf8—b4
6. Lf1—d3 d7—d6?
7. Dc2—a4† Sb8—c6
8. d4—d5 und gewinnt.

**Nr. 173**

1. d2—d4 Sg8—f6
2. Sg1—f3 e7—e6
3. c2—c4 b7—b6
4. g2—g3 Lc8—b7
5. Lf1—g2 Lf8—b4†

6. Lc1—d2 Dd8—e7
7. 0—0 0—0

Viel besser ist es, die Läufer jetzt zu tauschen.

8. Ld2—f4 d7—d5?

Der entscheidende Fehler. Schwarz muß 8. ....., Ld6 spielen.

9. c4—c5! b6—c5:
10. a2—a3 Lb4—a5
11. d4—c5: c7—c6
12. Lf4—d6 und gewinnt.

## Nimzoindische Verteidigung

Die von Nimzowitsch herrührende Form der indischen Verteidigung ist schwierig zu führen, gibt aber dem Schwarzen ein vollwertiges Gegenspiel und erfreut sich deshalb in der modernen Turnierpraxis einer großen Beliebtheit. Das Spiel nimmt je nach dem 4. Zuge von Weiß die verschiedensten Gestalten an.

Harmlos sieht der Zug 4. Ld2 wie in Nr. 174 aus, Weiß gewinnt aber durch eine Falle, die der Gegner nicht durchschaut, einen Bauern. Auch die Antwort 4. e3 ist bescheiden; im Beispiel Nr. 175 greift der Schwarze in überraschender Weise an und siegt über die unzweckmäßige Aufstellung des Weißen. Schärfer ist die von Sämisch herrührende Behandlung mit 4. a3. Der Erfinder errang mit der in Nr. 176 angegebenen Wendung, die eigentlich ziemlich einfach ist, im Karlsbader Turnier 1929 einen Sieg über einen sehr starken Gegner. Beispiel Nr. 177, wo Weiß im 4. Zuge Db3 zieht, zeigt eine reizende Falle auf Kosten des Schwarzen.

Die üblichste Fortsetzung 4. Dc2 wird in den letzten drei Beispielen näher beleuchtet. In Nr. 178 vernachlässigt Weiß in sträflicher Weise die Entwicklung seines Königsflügels und wird kurzerhand mattgesetzt. Nr. 179 zeigt einen heimtückischen Überfall, dessen Grundgedanke in zahlreichen Fällen anwendbar ist und von unerfahrenen Spielern gut beachtet werden muß. Sehr verwickelt und schwierig sind die Wendungen in Nr. 180. Weiß opfert im 11. Zuge die Qualität und kommt durch das vorzügliche Zusammenwirken seiner Figuren in Vorteil, obwohl sein König ins Freie gejagt wird. Die in der Schlußbemerkung genannte Partie ist insofern bedeutungsvoll, als sie das vorher geltende Urteil über diese Variante in sein gerades Gegenteil änderte.

### Nr. 174

1. d2—d4 Sg8—f6
2. c2—c4 e7—e6
3. Sb1—c3 Lf8—b4
4. Lc1—d2 d7—d5
5. e2—e3 0—0
6. Sg1—f3 Tf8—e8

Am kräftigsten ist die Entwicklung 6. ....., c5 nebst Sc6.

7. Lf1—d3 Sb8—d7

8. 0—0 c7—c6?
9. Sc3—d5:! Sf6—d5:

Auf 9. ...., Ld2: folgt 10. Sf6 ✝ nebst Dd2:.

10. c4—d5: Lb4—d2:
11. d5—c6: Ld2—a5
12. c6—d7: mit Bauerngewinn.

**Nr. 175**

1. d2—d4 Sg8—f6
2. c2—c4 e7—e6
3. Sb1—c3 Lf8—b4
4. e2—e3 0—0
5. Sg1—e2 d7—d5
6. a2—a3 Lb4—e7
7. c4—d5: e6—d5:
8. Se2—g3 ....

Mit 8. Sf4 kann Weiß den kräftigen Gegenzug von Schwarz verhindern.

8. .... c7—c5
9. d4—c5: Le7—c5:
10. b2—b4 d5—d4!
11. Sc3—a4? ....

43. Frage. Wie kann das Spiel nach 11. bc5: weitergehen?

11. .... d4—e3:

12. Sa4—c5:? ....

Schwarz ist auch nach 12. Dd8: im Vorteil, weil er mit 12. ...., ef2 ✝ 13. Ke2, Lg4† 14. Kd2, Td8 ✝ antwortet.

12. .... e3—f2 ✝
13. Ke1—e2 Lc8—g4† und gewinnt.

**Nr. 176**

1. d2—d4 Sg8—f6
2. c2—c4 e7—e6
3. Sb1—c3 Lf8—b4
4. a2—a3 Lb4—c3 ✝
5. b2—c3: d7—d6
6. f2—f3 e6—e5
7. e2—e4 Sb8—c6
8. Lc1—e3 b7—b6

Schwarz sollte rochieren und dann De7 ziehen. Später konnte er dann mit b6, La6 und Sa5 den Bauern c4 angreifen.

9. Lf1—d3 Lc8—a6?

Ein schweres Versehen, das eine Figur kostet.

10. Dd1—a4 La6—b7
11. d4—d5 und gewinnt.

**Nr. 177**

1. d2—d4 Sg8—f6
2. c2—c4 e7—e6
3. Sb1—c3 Lf8—b4
4. Dd1—b3 c7—c5
5. a2—a3 Dd8—a5

Schwarz faßt den verfehlten Plan, den Abtausch des Läufers vermeiden zu wollen.

6. Lc1—d2 Sb8—c6

7. Db3—d1 Sc6—d4:?

Damit stellt Schwarz dem Gegner eine Falle, indem er auf 8. ab4:? mit 8. ...., Da1: 9. Da1:, Sc2† nebst Sa1: die Qualität gewinnen will. Er fällt aber dabei selbst herein.

8. e2—e3 mit Figurgewinn.

**Nr. 178**

1. d2—d4 Sg8—f6
2. c2—c4 e7—e6
3. Sb1—c3 Lf8—b4
4. Dd1—c2 c7—c5
5. d4—c5: Sb8—a6
6. a2—a3 Lb4—c3‡
7. Dc2—c3: Sa6—c5:
8. b2—b4 ....

Weiß zieht besser 8. f3 nebst e4.

8. .... Sc5—e4
9. Dc3—d3 d7—d5
10. c4—d5:? Se4—f2:!

11. Ke1—f2: Sf6—g4†
12. Kf2—g3 Dd8—f6
13. Kg3—g4: ....

Nach 13. Sf3, Da1: 14. Ld2, Sf6 behält Schwarz die Qualität mehr.

13. .... h7—h5†
14. Kg4—g3 h5—h4†
15. Kg3—h3 e6—d5‡
16. g2—g4 Df6—f1#.

**Nr. 179**

1. d2—d4 Sg8—f6
2. c2—c4 e7—e6
3. Sb1—c3 Lf8—b4
4. Dd1—c2 d7—d5
5. c4—d5: Dd8—d5:
6. e2—e3 0—0
7. Sg1—e2 c7—c5
8. Lc1—d2 Dd5—d8
9. a2—a3 c5—d4:
10. Se2—d4: Lb4—a5

Schwarz will sich den Königsläufer erhalten.

11. Lf1—e2 La5—b6
12. Sd4—f3 Sb8—c6
13. 0—0 Dd8—e7
14. Tf1—d1 e6—e5
15. Sf3—g5 h7—h6?

Übersieht die Tücke des Gegners. Er sollte einfach Le6 ziehen.

16. Sc3—d5! und gewinnt.

**Nr. 180**

(Die ersten 4 Züge wie Nr. 179.)

5. a2—a3 Lb4—c3‡
6. Dc2—c3: Sf6—e4
7. Dc3—c2 Sb8—c6

44. Frage. Kennen Sie die beste Fortsetzung für Schwarz an dieser Stelle?

8. e2—e3 e6—e5
9. c4—d5: Dd8—d5:
10. Lf1—c4 Dd5—a5†

11. b2—b4! Sc6—b4:
12. Dc2—e4: Sb4—c2†
13. Ke1—e2 Da5—e1†
14. Ke2—f3 Sc2—a1:
15. Lc1—b2.

(Siehe Stellungsbild)

Weiß ist im Vorteil. Auf 15. ...., 0—0 kann folgen: 16. Kg3, Ld7 17. Sf3!, Dh1: 18. Sg5, g6 19. De5: mit sehr starkem Angriff des Weißen. Auf 15. ...., Le6 geschah in einer Partie Winter-Reynolds aus Birmingham 1937: 16. d5, 0—0—0 17. de6:, fe6: 18. Kg3! und Weiß gewann.

## Andere indische Verteidigungen

Unter dieser Überschrift findet der Leser die verschiedenartigsten Verteidigungen gegen die Damenbauereröffnung vereinigt. Das erste Beispiel Nr. 181 zeigt ein Mittelding zwischen der Damenindischen und der Nimzoindischen Verteidigung. Die unheilvollen Folgen einer solchen Mischung werden durch ein glänzendes Damenopfer des Weißen dick unterstrichen. In Nr. 182 wird das Blumenfeld-Gambit ausgeführt. Schwarz folgt einer Turnierpartie Grünfeld—Bogoljubow aus Wien 1922 und verliert durch einen Raubzug seiner Dame, da seine Entwicklung zu sehr vernachlässigt ist. Nr. 183 behandelt das vom Hamburger Meister Wagner herrührende Gambitspiel und endet überraschend frühzeitig in einer zwangsläufigen Zugswiederholung.

Das Budapester Gambit im Beispiel Nr. 184 wird von Weiß anfangs musterhaft behandelt. Er fällt aber auf schreckliche Art einem erstickten Matt zum Opfer. Nr. 185 zeigt eine Wendung, deren Grundgedanken wir schon im 1. Abschnitt (Seite 3) kennengelernt haben. Schwarz opfert einen Springer, um mit der Dame das Schach auf h4 geben zu können. Er gewinnt wohl dabei den weißen Turm, verdirbt aber seine Stellung in entscheidender Weise.

Sehr interessant ist das letzte Beispiel Nr. 186, das einer in jüngster Zeit gespielten Turnierpartie Bogoljubows folgt. Ähnlich wie in der Aljechin-Verteidigung treibt Weiß einen Springer quer über das Brett. Er erobert auch die Figur, aber um zu hohen Preis. Das Damenschach auf h4 erweist sich diesmal als sehr stark.

**Nr. 181**

1. d2—d4 Sg8—f6
2. c2—c4 e7—e6
3. Sb1—c3 b7—b6
4. e2—e4 Lf8—b4?

Schwarz vermengt die Züge der Damenindischen und Nimzoindischen Verteidigung. Notwendig war zunächst 4. ...., Lb7.

5. e4—e5 Sf6—e4?
6. Dd1—g4 Se4—c3:
7. b2—c3: ....

Auch 7. a3! ist ein sehr starker Zug.

7. .... Lb4—c3 ‡
8. Ke1—d1 Ke8—f8
9. Lc1—a3† Kf8—g8
10. Ta1—b1 Sb8—c6
11. Tb1—b3 Lc3—d4:

Mit 11. ...., h5 glaubte man das weiße Spiel widerlegen zu können, doch ist auch dieser Zug unbefriedigend. Weiß zieht die Dame nach g3 zurück und hat dieselbe undeckbare Opferdrohung wie vorher. Das Fluchtfeld h7 nützt dem schwarzen König wegen Ld3† nicht viel.

12. Dg4—g7 ‡! ....

12. .... Kg8—g7:
13. Tb3—g3† Kg7—h6
14. La3—c1† und gewinnt.

**Nr. 182**

1. d2—d4 Sg8—f6
2. Sg1—f3 e7—e6
3. c2—c4 c7—c5
4. d4—d5 b7—b5

Über den Sinn dieses Gambitspiels siehe das Beispiel Nr. 209 des 6. Abschnitts.

5. Lc1—g5 h7—h6

Er ist besser, vor diesem Zuge auf d5 Bauern zu tauschen.

6. Lg5—f6: Dd8—f6:
7. Sb1—c3 b5—b4
8. Sc3—b5 Sb8—a6
9. e2—e4 Df6—b2:?
10. Lf1—d3 Db2—f6

Schwarz sollte jetzt d6 ziehen, er steht freilich auch dann nicht gut.

11. e4—e5 und gewinnt.

Auf 11. ...., Df4 fängt Weiß mit 12. g3, Dg4 13. h3, Dh5 14. g4 die feindliche Dame.

45. Frage. Was würden Sie auf 11. ...., Dd8 antworten?

**Nr. 183**

1. d2—d4 Sg8—f6
2. Sg1—f3 e7—e6
3. Lc1—g5 c7—c5
4. e2—e4 Dd8—a5†

Auf 4. ...., Db6 bringt Weiß das aussichtsreiche Bauernopfer 5. Sbd2, cd4: 6. e5, Sd5 7. Sc4.

5. Sb1—d2 ....

Den folgenden Friedensschluß kann Weiß mit 5. Dd2! sehr gut vermeiden.

5. .... Sf6—e4:
6. b2—b4! Da5—b4:
7. Ta1—b1 Db4—c3
8. Tb1—b3 Dc3—a5
9. Tb3—b5 Da5—c3

Remis durch Wiederholung der Züge.

**Nr. 184**

1. d2—d4 Sg8—f6
2. c2—c4 e7—e5
3. d4—e5: Sf6—g4
4. Lc1—f4 Sb8—c6
5. Sg1—f3 Lf8—b4†
6. Sb1—d2 ....

46. Frage. Kennen Sie die Folgen von 6. Sc3?

6. .... Dd8—e7
7. a2—a3 Sg4—e5:
8. a3—b4:?? ....

Nach der richtigen Fortsetzung 8. Se5:, Se5: 9. e3, Ld2‡ 10. Dd2: steht Weiß vorzüglich.

8. Se5—d3‡.

**Nr. 185**

1. d2—d4 Sg8—f6
2. c2—c4 e7—e5
3. d4—e5: Sf6—g4
4. e2—e4 Sg4—e5:
5. f2—f4 Se5—g6

Besser ist der Rückzug des Springers nach c6.

6. Sg1—f3 Lf8—c5
7. f4—f5 Sg6—e5?

47. Frage. Welchen Zug würden Sie für Schwarz vorschlagen?

8. Sf3—e5: Dd8—h4†
9. g2—g3! Dh4—e4‡
10. Dd1—e2 De4—h1:
11. Se5—g6† und gewinnt.

**Nr. 186**

1. d2—d4 Sb8—c6
2. d4—d5 Sc6—e5
3. f2—f4 Se5—g6
4. e2—e4 e7—e5
5. f4—f5? ....

Weiß darf nicht weiter auf Springerjagd spielen und muß mit 5. de6: fortsetzen.

5. .... Dd8—h4†
6. Ke1—d2 Dh4—e4:

7. f5—g6: De4—d5‡
8. Kd2—e1 Dd5—d1‡
9. Ke1—d1: h7—g6:

Schwarz ist im Vorteil, weil nach dem Damentausch seine drei Bauern mehr wert sind als der Springer des Gegners.

## Sizilianischer Angriff

Ein wichtiger Grundgedanke moderner Eröffnungsbehandlung ist es, bewährte Verteidigungssysteme des Schwarzen auf die weißen Steine zu übertragen. Geschieht diese Vertauschung der Farben mit der Sizilianischen Verteidigung 1. e4, c5, so kommt man zum Sizilianischen Angriff 1. c4, e5. Weiß hat bei dieser Übertragung gegenüber dem ursprünglichen Vorbild ein Tempo mehr und dementsprechend ist er in der Regel der angreifende Teil.

Die beiden ersten Beispiele Nr. 187 und 188 sind leicht zu durchschauen, in beiden Fällen büßt Schwarz seine Unvorsichtigkeit mit Figurverlust. Weiß darf aber ebenfalls nicht in seiner Aufmerksamkeit erlahmen, sonst stürzt er in Fallen wie Nr. 189, wo ihm ein Bauernraub verderblich wird, oder Nr. 190, wo die unzweckmäßige Flankierung des weißen Königsläufers der Anfang alles Übels ist.

**Nr. 187**

1. c2—c4 e7—e5
2. Sb1—c3 Sb8—c6
3. g2—g3 Sg8—f6
4. Lf1—g2 Lf8—b4
5. Sc3—d5 Sf6—d5:
6. c4—d5: Sc6—d4?
7. e2—e3 Sd4—f5

Auch bei 7. ...., Sb5 8. Da4 verliert Schwarz eine Figur.

8. Dd1—g4 und gewinnt.

**Nr. 188**

1. c2—c4 e7—e5
2. Sb1—c3 Sg8—f6
3. Sg1—f3 Sb8—c6
4. e2—e3 Lf8—b4
5. Sc3—d5 d7—d6?

Dieser unvorsichtige Zug gefährdet den Läufer b4. Am besten ist 5. ...., e4.

6. Dd1—a4 Lb4—c5?

Das kleinere Übel ist 6. ...., La5 7. b4, Lb6 8. Sb6:, cb6:.

7. d2—d4 Lc5—b6
8. Sd5—f6‡ Dd8—f6:
9. d4—d5 und gewinnt.

**Nr. 189**

1. c2—c4 e7—e5
2. Sb1—c3 Sg8—f6
3. Sg1—f3 Sb8—c6
4. d2—d4 e5—e4
5. Sf3—g5 ....

Die stärkste Fortsetzung ist 5. Sd2.

5. .... h7—h6!
6. Sg5—e4: Sf6—e4:
7. Sc3—e4: Dd8—h4
8. Dd1—d3? ....

Weiß tut viel besser, mit 8. Sc3 den gewonnenen Bauern sofort zurückzugeben.

8. .... d7—d5
9. c4—d5: Sc6—b4
10. Dd3—b1 ....

Auf 10. Db5† folgt Kd8 mit Vorteil für Schwarz.

| | | |
|---|---|---|
| 10. | .... | Lc8—f5 |
| 11. | Se4—d6† | c7—d6: |
| 12. | Db1—f5: | g7—g6 |
| 13. | Df5—b1 | Ta8—c8 |
| | | und gewinnt. |

**Nr. 190**

| | | |
|---|---|---|
| 1. | c2—c4 | e7—e5 |
| 2. | Sb1—c3 | Sg8—f6 |
| 3. | Sg1—f3 | Sb8—c6 |
| 4. | d2—d4 | e5—d4: |
| 5. | Sf3—d4: | Lf8—b4 |
| 6. | Sd4—c6: | .... |

Dieser Tausch und besonders die nachfolgende Läuferflankierung ist schwach. Üblich und kräftig ist 6. Lg5.

48. Frage. Was kann Schwarz nach 6. Lg5, h6 7. Lh4 am besten zur Aufhebung der Fesselung tun?

| | | |
|---|---|---|
| 6. | .... | b7—c6: |
| 7. | g2—g3? | Dd8—e7 |
| 8. | Lf1—g2 | Lc8—a6 |
| 9. | Dd1—d3 | d7—d5 |
| 10. | b2—b3? | .... |

Der entscheidende Fehler. Weiß muß rochieren und sich damit abfinden, daß er einen Bauern verliert.

| | | |
|---|---|---|
| 10. | | d5—d4! |

| | | |
|---|---|---|
| 11. | Lg2—c6‡ | Ke8—f8 |
| 12. | Dd3—d4: | Ta8—d8 |
| 13. | Lc6—d5 | Td8—d5: |
| | | und gewinnt. |

**Zukertort-Eröffnung**

Für die mit 1. Sf3 beginnenden Partien wird häufig der Name Zukertort-Eröffnung verwendet, der eigentlich eine unzulängliche Bezeichnung darstellt. Mit dem Zuge des Königsspringers hat sich Weiß noch nicht für eine bestimmte Eröffnung entschieden. Er kann einerseits ins Damengambit überlenken, andererseits noch zwischen den verschiedensten Eröffnungssystemen wählen, wie z. B. Königsindischer oder Damenindischer Angriff.

Im Königsindischen Angriff verzichtet Weiß zunächst auf die Errichtung eines Bauernzentrums und flankiert seinen Königsläufer, genau so wie es der Schwarze in der Königsindischen Verteidigung tut. Demgemäß spielt in dieser Eröffnung der nach g2 entwickelte weiße Läufer die Hauptrolle. Zu welchen Taten er fähig ist, zeigen die überraschenden Wendungen des wunderschönen Beispiels Nr. 191, das dem Meisterturnier zu Bad Elster 1937 entnommen ist. Auch in Nr. 192 macht sich der weiße Königsläufer entscheidend bemerkbar. Gegen den sorglosen Aufbau des Schwarzen gewinnt Weiß im Zentrum plötzlich eine Figur. Nr. 193 ist der neuesten Turnierpraxis entnommen, und zwar der Partie zwischen Bogoljubow und Sämisch aus Bad Harzburg 1938. Der durch die Falle erzielte Bauerngewinn des Schwarzen war allerdings für den Partieausgang bedeutungslos. Sehr lehrreich und feindurchdacht ist die Kombination in Nr. 194. Ihr Grundgedanke ist die Überlastung des Läufers b2, der zwei Figuren — die Dame und den Springer — zu decken hat und dies nach 8. ...., c3! nicht mehr kann.

Der Damenindische Angriff ist durch die Flankierung des weißen Damenläufers gekennzeichnet. Die Verwandtschaft dieser Eröffnung mit der Damenindischen Verteidigung wird durch das Beispiel Nr. 195, eine von Dr. Euwe gewonnene Partie, gut illustriert. Die siegbringende Kombination des Schwarzen stellt nichts anderes als eine sinngemäße Übertragung der Monticelli-Falle (Beispiel Nr. 166) dar. In Nr. 196 gewinnt Weiß den schwarzen Königsläufer, der wieder einmal auf b4 eine sehr bedrohte Stellung einnimmt.

Das letzte Beispiel Nr. 197 zeigt das sogenannte Tenison-Gambit; der Fehler des Schwarzen ist handgreiflich.

**Nr. 191**

| | | |
|---|---|---|
| 1. | Sg1—f3 | Sg8—f6 |
| 2. | c2—c4 | c7—c5 |
| 3. | Sb1—c3 | d7—d5 |
| 4. | c4—d5: | Sf6—d5: |
| 5. | g2—g3 | Sb8—c6 |
| 6. | Lf1—g2 | Sd5—c7 |

Schwarz darf nicht sogleich 6. ...., e5? spielen, weil Weiß mit 7. Se5: einen Bauern gewinnt.

| | | |
|---|---|---|
| 7. | 0—0 | e7—e5 |
| 8. | d2—d3 | f7—f6 |
| 9. | Lc1—e3 | Lc8—e6 |
| 10. | Ta1—c1 | Dd8—d7 |
| 11. | Sc3—e4 | b7—b6 |
| 12. | a2—a3 | Ta8—c8? |
| 13. | b2—b4 | c5—b4: |

Leichter erträglich für Schwarz ist der Bauernverlust nach 13. ...., Sd5 14. bc5:, Se3:.

14. Tc1—c6:! ....

| | | |
|---|---|---|
| 14. | .... | Dd7—c6: |
| 15. | Sf3—e5: | Dc6—b5 |

Oder 15. ...., fe5: 16. Sf6†, gf6: 17. Lc6‡.

| | | |
|---|---|---|
| 16. | Se4—d6†! | Lf8—d6: |
| 17. | Lg2—c6† | mit Damengewinn. |

**Nr. 192**

1. Sg1—f3 d7—d5
2. c2—c4 c7—c6
3. b2—b3 Sg8—f6
4. g2—g3 Lc8—f5
5. Lf1—g2 Sb8—d7
6. Lc1—b2 e7—e6
7. 0—0 Lf8—d6
8. d2—d3 e6—e5

Besser angebracht ist eine vorsichtigere Behandlung mit 8. ...., De7 (um nach Entwicklung des weißen Damenspringers La3 zu ziehen) oder 8. ...., h6 (um den Läufer f5 vor Abtausch durch Sh4 zu bewahren).

9. e2—e4! d5—e4:?
10. d3—e4: Sf6—e4:
11. Sf3—h4 mit Figurgewinn.

**Nr. 193**

1. Sg1—f3 d7—d5
2. c2—c4 e7—e6
3. g2—g3 Sg8—f6
4. Lf1—g2 Lf8—e7
5. 0—0 0—0

Auf 5. ...., dc4: folgt 6. Da4†.

6. b2—b3 c7—c5
7. d2—d4 Sb8—c6
8. c4—d5: Sf6—d5:
9. e2—e4 ....

Besser ist 9. Lb2.

9. .... Sd5—f6
10. e4—e5 Sf6—d7
11. Lc1—b2 c5—d4:
12. Lb2—d4: Sc6—d4:
13. Dd1—d4: Sd7—e5:!

Schwarz hat einen Bauern gewonnen. Auf 14. Dd8: folgt 14. ...., Sf3‡ 15. Lf3:, Td8:; auf 14. De5:? entscheidet 14 ...., Lf6 für Schwarz.

**Nr. 194**

1. Sg1—f3 d7—d5
2. c2—c4 d5—c4:
3. Sb1—a3 e7—e5
4. Sf3—e5: Lf8—a3:
5. Dd1—a4† b7—b5!
6. Da4—a3: ....

Weiß vermeidet die gestellte Falle: 6. Db5‡, c6 7. Sc6:, Sc6: 8. Dc6‡, Ld7 9. De4†, Le7 und Schwarz hat einen Springer gewonnen.

6. .... Lc8—b7
7. b2—b3 Dd8—d6
8. Lc1—b2? c4—c3!

Weiß kann den Verlust einer Figur nicht vermeiden, z. B. 9. Dd6:, cd6:. In einer amerikanischen Meisterpartie übersah Schwarz diese günstige Gelegenheit und zog 8. ...., f6?

**Nr. 195**

| | | |
|---|---|---|
| 1. | Sg1—f3 | d7—d5 |
| 2. | b2—b3 | Sg8—f6 |
| 3. | Lc1—b2 | c7—c5 |
| 4. | e2—e3 | Sb8—c6 |
| 5. | Lf1—b5 | g7—g6 |
| 6. | Sf3—e5 | Dd8—c7 |
| 7. | 0—0 | Lf8—g7 |
| 8. | d2—d4 | .... |

Dem von Weiß gewählten Entwicklungssystem entspricht der Zug 8. f4 besser.

| | | |
|---|---|---|
| 8. | .... | 0—0 |
| 9. | Lb5—c6: | b7—c6: |
| 10. | d4—c5:? | Sf6—g4! |

Auf 10. ...., Sd7 hätte Weiß sich mit 11. Sd3 verteidigen können.

| | | |
|---|---|---|
| 11. | f2—f4 | Sg4—e3: |
| | | und gewinnt. |

**Nr. 196**

| | | |
|---|---|---|
| 1. | Sg1—f3 | d7—d5 |
| 2. | b2—b4 | Lc8—f5 |
| 3. | Lc1—b2 | e7—e6 |
| 4. | e2—e3 | Sg8—f6 |
| 5. | c2—c4 | Lf8—b4:? |

Habgier in der Eröffnung ist ein schreckliches Übel.

| | | |
|---|---|---|
| 6. | Dd1—a4† | Sb8—c6 |
| 7. | Sf3—e5 | Dd8—d6 |
| 8. | Se5—c6: | b7—c6: |
| 9. | a2—a3 | Lb4—c5 |
| 10. | d2—d4 | Lc5—b6 |
| 11. | c4—c5 und gewinnt. | |

**Nr. 197**

| | | |
|---|---|---|
| 1. | Sg1—f3 | d7—d5 |
| 2. | e2—e4 | d5—e4: |
| 3. | Sf3—g5 | f7—f5? |
| 4. | Lf1—c4 | Sg8—h6 |
| 5. | Sg5—h7:! | Th8—h7: |
| 6. | Dd1—h5† | Ke8—d7 |
| 7. | Dh5—g6 | Th7—h8 |
| 8. | Lc4—e6† und gewinnt. | |

## Holländischer Angriff

Die wesentlichen Merkmale der Holländischen Verteidigung 1. d4, f5 sind auch beim Holländischen Angriff 1. f4 erkennbar. Bei ruhiger Behandlung durch den Schwarzen ist die Öffnung der Königsdiagonalen e1—h4 ohne nachteilige Wirkung auf das weiße Spiel. Dagegen macht sich gelegentlich eine Schwäche des Punktes e3 bemerkbar wie im Beispiel Nr. 198, wo Weiß durch den Fehler im 9. Zuge schweren Materialverlust erleidet. Ein Versuch, die durch den Aufzug des f-Bauern gelockerte Königsstellung zu stürmen, führt auf Froms Gambit wie in Nr. 199. Der Angreifer in diesem Beispiel ist aber der Weiße. Seine originelle Eröffnungsbehandlung gipfelt in einem Figurenopfer, bei dessen Annahme Weiß einen mindestens ebenso starken Angriff wie im Allgaier-Gambit (Beispiel Nr. 70) erlangt.

**Nr. 198**

| | | |
|---|---|---|
| 1. | f2—f4 | d7—d5 |
| 2. | e2—e3 | Sg8—f6 |
| 3. | Sg1—f3 | e7—e6 |
| 4. | b2—b3 | c7—c5 |
| 5. | Lc1—b2 | a7—a6 |

Um die nach dem Zuge 5. ...., Sc6 mögliche Fesselung 6. Lb5 zu vermeiden. Vergleiche das Beispiel Nr. 195.

| | | |
|---|---|---|
| 6. | Lf1—e2 | Sb8—c6 |
| 7. | 0—0 | Lf8—d6 |
| 8. | d2—d3 | 0—0 |
| 9. | Sb1—d2? | Sf6—g4 und gewinnt. |

**Nr. 199**

| | | |
|---|---|---|
| 1. | f2—f4 | e7—e5 |
| 2. | f4—e5: | d7—d6 |
| 3. | e5—d6: | Lf8—d6: |
| 4. | Sg1—f3 | g7—g5 |
| 5. | d2—d4 | g5—g4 |
| 6. | Sf3—g5 | .... |

Weiß kann die peinlichen Folgen des drohenden Damenschachs auf h4 auch durch 6. Se5 vermeiden.

| | | |
|---|---|---|
| 6. | .... | f7—f5 |

Schwarz spielt darauf, dem feindlichen Springer den Rückweg abzuschneiden und ihn zu erobern. Aussichtsreicher ist indessen 6. ...., De7 7. Dd3, Sc6.

| | | |
|---|---|---|
| 7. | e2—e4 | h7—h6 |
| 8. | e4—e5 | Ld6—e7 |
| 9. | Sg5—h3 | g4—h3: |
| 10. | Dd1—h5† | Ke8—f8 |
| 11. | Lf1—c4. | |

Weiß hat für den geopferten Springer sehr starken Angriff. Auf 11. ...., De8 folgt 12. Dh3:; auf 11. ...., Th7 geschieht 12. Dg6, Tg7 13. Lh6:, Sh6: 14. Dh6:.

# 6. Abschnitt

## Positionsfallen

Wenn der Leser zu diesem Teile des Buches kommt, wird er vielleicht fürchten, daß man von ihm verlangt, sich mit sehr schwierigen und abstrakten Dingen zu befassen. Wir glauben aber, daß er diesen Abschnitt über Positionsfallen lehrreich und dabei doch leichtverständlich finden wird.

Je weiter ein Spieler in seinem Schachkönnen fortschreitet, desto leichter wird ihm sein Spiel. Seine Gedanken bewegen sich in glatteren Bahnen und er erreicht sein Ziel viel schneller und mit weniger Mühe als auf den früheren Stufen seiner schachlichen Entwicklung. Das kommt daher, daß zuerst so viel gelernt werden muß, oft auch ohne ersichtliche logische Grundlage, daß der Lernende keine Zeit findet, an das Spiel selbst zu denken. Mit anderen Worten, er muß das ABC lernen, bevor er zu lesen beginnen kann. Hat aber ein Spieler das schachliche ABC gelernt und vollkommen verstanden, dann wird er an den folgenden Ausführungen großen Gefallen finden.

In diesem Abschnitt sind nur Beispiele angeführt, die irgendeinen allgemeinen Grundsatz, einen strategischen Gedanken oder eine taktische Möglichkeit erklären und beleuchten. Obwohl in einigen Fällen die gegebenen Fortsetzungen nicht zu einem erzwungenen Gewinn führen, sondern nur zu Stellungsvorteil, haben wir jedes Mal versucht, ein Beispiel zu finden, wo der Vorteil auch einem zweitklassigen Spieler augenscheinlich ist.

Die Beispiele sind nicht zahlreich, ungefähr ein Dutzend, aber durchwegs lehrreich.

**Nr. 200**

Wenn eine Figur entwickelt wird, ist es wesentlich, sie gegen die Möglichkeit zu schützen, daß sie auf längere Zeit eingesperrt werde, denn dies ist fast gleichbedeutend damit, um eine Figur schwächer zu sein. Im folgenden Beispiel gestattet Weiß, daß der Gegner einen weißen Läufer vollkommen einsperrt und dadurch ein gewonnenes Endspiel erlangt.

(Vierspringerspiel.)

| | | |
|---|---|---|
| 1. | e2—e4 | e7—e5 |
| 2. | Sg1—f3 | Sb8—c6 |
| 3. | Sb1—c3 | Sg8—f6 |
| 4. | Lf1—b5 | Lf8—b4 |
| 5. | 0—0 | 0—0 |
| 6. | Lb5—c6: | d7—c6: |
| 7. | d2—d3 | Lb4—d6 |
| 8. | Lc1—g5 | h7—h6 |
| 9. | Lg5—h4 | c6—c5 |

Einleitung der Falle. Zugleich wird der gegnerische Zug d4 gründlich verhindert.

| | | |
|---|---|---|
| 10. | Sc3—d5? | g7—g5 |
| 11. | Sd5—f6+ | Dd8—f6: |
| 12. | Lh4—g3 | Lc8—g4 |
| 13. | h2—h3 | Lg4—f3: |
| 14. | Dd1—f3: | Df6—f3: |
| 15. | g2—f3:. | |

Der weiße Läufer ist völlig eingesperrt.

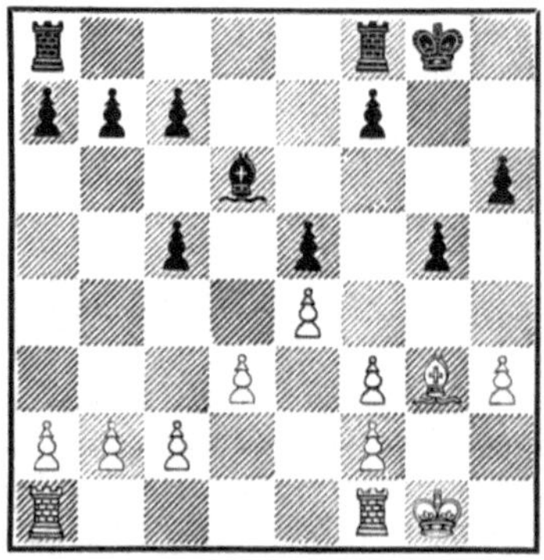

**Nr. 201**

Im vorigen Beispiel wurde ein Läufer bei beginnendem Mittelspiel eingesperrt. Gleiches geschieht häufig auch in der Eröffnung, wenn ein Spieler seine Figuren nicht zu entwickeln vermag oder sie schlecht entwickelt. Im folgenden Beispiel ist das Los des schwarzen Damenläufers beklagenswert. Er ist gezwungen, die schwachen Bauern a6 und c6 zu schützen, während Weiß in der Lage ist, die starken Felder c5 und a5 zu besetzen.

(Orthodoxe Verteidigung.)

| | | |
|---|---|---|
| 1. | d2—d4 | d7—d5 |
| 2. | c2—c4 | e7—e6 |
| 3. | Sb1—c3 | Sg8—f6 |
| 4. | Lc1—g5 | Lf8—e7 |
| 5. | e2—e3 | Sb8—d7 |
| 6. | Sg1—f3 | 0—0 |
| 7. | Ta1—c1 | c7—c6 |
| 8. | Dd1—c2 | b7—b6 |
| 9. | c4—d5: | e6—d5: |
| 10. | Lf1—d3 | Lc8—b7 |
| 11. | 0—0 | h7—h6 |
| 12. | Lg5—h4 | Sf6—h5 |
| 13. | Lh4—e7: | Dd8—e7: |
| 14. | Tf1—e1 | De7—d8 |
| 15. | Dc2—a4 | a7—a6 |
| 16. | Ld3—f5 | g7—g6? |
| 17. | Lf5—d7: | Dd8—d7: |
| 18. | Da4—b3 | b6—b5 |

Die Niederlage des Schwarzen ist besiegelt. Die Stellung des schwarzen Läufers im Zusammenhang mit den Bauern a6 und c6 ist zu schlecht.

| | | |
|---|---|---|
| 19. | Sf3—e5 | Dd7—d6 |
| 20. | Sc3—a4 | Ta8—e8 |
| 21. | Sa4—c5 | Lb7—c8 |
| 22. | Sc5—a6: | und gewinnt. |

Auf 22. ...., La6: folgt 23. Tc6: nebst Ta6:.

**Nr. 202**

In den vorigen zwei Beispielen haben wir die mißliche Lage eines Spielers gesehen, der eine Figur mit geringer oder gar keiner Bewegungsfreiheit besitzt. Es ist wichtig, die Figuren so zu stellen, daß sie gute Wirkungslinien finden. Aber eine einwandfreie Entwicklung verlangt mehr als dies. Es kann vorkommen, daß jede Figur für sich betrachtet gut steht, aber ihr Zusammenwirken falsch ist. Was ist zum Beispiel natürlicher, als im Damengambit den Läufer auf d3 oder die Dame auf b3 zu stellen? Trotzdem kann sich, wie das folgende Beispiel zeigen wird, die gleichzeitige Aufstellung der beiden Figuren auf die bezeichnete Art leicht als schwach erweisen. Man entwickle nie eine Figur, ohne sich zu vergewissern, daß ihre Entwicklung mit der der anderen Figuren harmoniert.

(Manhattan-Verteidigung des Damengambits.)

| | | |
|---|---|---|
| 1. | d2—d4 | d7—d5 |
| 2. | c2—c4 | e7—e6 |
| 3. | Sb1—c3 | Sg8—f6 |
| 4. | Lc1—g5 | Sb8—d7 |
| 5. | Sg1—f3 | Lf8—b4 |
| 6. | e2—e3 | c7—c5 |

Ein interessanter, wenn auch nicht völlig korrekter Gegenangriff. Weiß sollte nun zunächst auf d5 Bauern tauschen.

| | | |
|---|---|---|
| 7. | Lf1—d3 | Dd8—a5 |
| 8. | Dd1—b3? | .... |

Dieser Damenzug ist an und für sich nicht schwach, wohl aber in Verbindung mit dem vorausgegangenen Läuferzug. Die Stellung dieser beiden Figuren läßt nun eine siegreiche Kombination des Schwarzen zu.

49. Frage. Was würden Sie hier für Weiß vorschlagen?

| | | |
|---|---|---|
| 8. | .... | b7—b5! |
| 9. | c4—b5: | .... |

Besseres ist nicht vorhanden. Auf 9. cd5: gewinnt Schwarz mit 9. ...., c4 10. Lc4:, bc4: 11. Dc4:, La6 12. Db3, Sd5:.

| | | |
|---|---|---|
| 9. | .... | c5—c4 |
| 10. | Ld3—c4: | d5—c4: |
| 11. | Db3—c4: | Sd7—b6 |
| 12. | Dc4—d3 | Sf6—d5 |
| 13. | Ta1—c1 | Lc8—d7 |

und gewinnt.

(Spanische Partie.)

| | | |
|---|---|---|
| 1. | e2—e4 | e7—e5 |
| 2. | Sg1—f3 | Sb8—c6 |
| 3. | Lf1—b5 | a7—a6 |
| 4. | Lb5—a4 | Sg8—f6 |
| 5. | 0—0 | Sf6—e4: |
| 6. | d2—d4 | b7—b5 |
| 7. | La4—b3 | d7—d5 |
| 8. | d4—e5: | Lc8—e6 |
| 9. | c2—c3 | Lf8—e7 |
| 10. | Sb1—d2 | 0—0 |
| 11. | Dd1—e2 | Se4—c5 |
| 12. | Sf3—d4 | Sc6—d4:? |

Schwarz sollte 12. ...., Sb3: spielen, auf 13. S2b3: dann 13. ...., Dd7.

| | | |
|---|---|---|
| 13. | c3—d4: | Sc5—b3: |
| 14. | Sd2—b3:. | |

Der rückständige c-Bauer von Schwarz ist sehr schwach.

**Nr. 203**

Wir haben bereits mit schwachen Bauern zu tun gehabt. Ein rückständiger Bauer (das ist ein Bauer, der nicht so weit vorgerückt ist wie seine Nachbarn) auf einer offenen Linie des Gegners ist immer schwach. Dieses Beispiel zeigt einen solchen Bauern — den schwarzen c-Bauern. Könnte er nach c5 oder noch besser nach c4 vorrücken, so hätte Schwarz mit seinem Läuferpaar das bessere Spiel. Aber der Bauer kann nicht vorgeschoben werden und so ist seine Schwäche dauernd eine Quelle erheblicher Verlegenheiten des Schwarzen.

**Nr. 204**

Die Schwäche des rückständigen Bauern ist leicht zu verstehen. Wir dürfen aber nicht vergessen, daß auch ein zu weit vorgeschobener Bauer schwach sein kann. Das folgende Beispiel ist hierfür ungemein bezeichnend. Die Kräfte sind ausgeglichen und die Stellungen scheinbar ebenfalls, aber der schwarze a-Bauer ist nach a5 vorgerückt und bildet dort eine Marke für den gegnerischen Angriff. Alle schwarzen Figuren sind für seine Deckung in Anspruch genommen und dies führt in der Tat zum Verlust der Partie.

(Nimzoindische Verteidigung.)

1. d2—d4 Sg8—f6
2. c2—c4 e7—e6
3. Sb1—c3 Lf8—b4
4. Lc1—g5 h7—h6
5. Lg5—f6: Dd8—f6:

Schwarz sollte hier Lc3† spielen, um den weißen c-Bauern zu verdoppeln, aber er will sich den Vorteil des Läuferpaares bewahren.

6. Ta1—c1 b7—b6
7. Sg1—f3 Lc8—b7
8. e2—e3 0—0
9. Lf1—e2 d7—d6
10. 0—0 Lb4—c3:

Nun muß Schwarz doch diesen Läufer tauschen, denn Weiß droht ihn mit 11. Sb5 nebst a3 zu gewinnen.

11. Tc1—c3: Sb8—d7
12. Sf3—d2 e6—e5
13. Le2—f3 Lb7—f3:
14. Sd2—f3: e5—e4
15. Sf3—d2 Df6—e7
16. Dd1—a4 f7—f5
17. Da4—c6 Sd7—f6
18. b2—b4 a7—a5

Mehr oder weniger erzwungen, aber ein schwacher Bauer ist nun unvermeidlich.

19 Tc3—a3 De7—d7
20. Dc6—d7: Sf6—d7:
21. b4—a5: Ta8—a5:
22. Ta3—a5: b6—a5:
23. Tf1—b1 Tf8—b8
24. Tb1—b8† Sd7—b8:

(Siehe Stellungsbild)

Eine interessante Stellung, die Dr. Aljechin als Weißer im Tur-

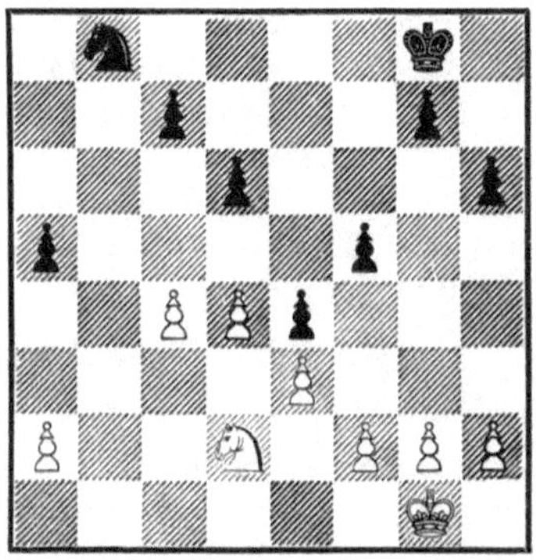

nier zu Birmingham 1926 wunderschön zu gewinnen verstand.

**Nr. 205**

Unter einem „Loch" versteht man solche Punkte einer Stellung, in denen sich feindliche Figuren festsetzen und nicht mehr vertrieben werden können. Durch solche Löcher wird stets die eigene Stellung empfindlich geschwächt.

(Spanische Partie.)

1. e2—e4 e7—e5
2. Sg1—f3 Sb8—c6
3. Lf1—b5 Sg8—f6
4. 0—0 d7—d6
5. d2—d4 Lc8—d7
6. Sb1—c3 e5—d4:
7. Sf3—d4: Lf8—e7
8. Lc1—g5 0—0
9. Lb5—c6: b7—c6:
10. Tf1—e1 Tf8—e8

Auf 10. ...., Sg4 gewinnt 11. Sc6: einen Bauern.

11. Dd1—d3 h7—h6

Schwarz kann statt dessen 11. ...., Sg4 spielen und damit

dem Gegner folgende Falle stellen: 12. Le7:, De7: 13. f4?, Dh4 14. h3 (14. Dg3 ist besser, aber Schwarz hat nach Damentausch eine starke Stellung fürs Endspiel) 14. ...., Df2† 15. Kh1, De1 ‡ 16. Te1:, Sf2† und gewinnt.

| | | |
|---|---|---|
| 12. | Lg5—h4 | Sf6—h7 |
| 13. | Lh4—e7: | Dd8—e7: |

Ein schwerer Fehler, der zum Verlust führt. 13. ...., Te7: mit der Absicht Db8 und Db6 ist richtig.

| | | |
|---|---|---|
| 14. | Dd3—a6 | c6—c5 |

Nun ist die Schwäche des vorigen Zuges von Schwarz handgreiflich. Hätte er 13. ...., Te7: gespielt, so könnte er nun mit 14. ...., De8 und auf 15. Db7 mit Db8 fortsetzen. Der Bauernzug schwächt den Damenflügel und gibt dem weißen Springer das Feld d5 frei.

| | | |
|---|---|---|
| 15. | Sc3—d5 | De7—d8 |
| 16. | Sd4—c6 | Ld7—c6: |
| 17. | Da6—c6:. | |

Schwarz wird bald bei schlechterer Stellung einen Bauern verlieren.

**Nr. 206**

Eine ungedeckte Figur ist genau so eine Schwäche wie ein rückständiger Bauer oder ein schwacher Punkt und gibt häufig dem Gegner Gelegenheit zu einer Kombination.

(Slavische Verteidigung.)

| | | |
|---|---|---|
| 1. | d2—d4 | d7—d5 |
| 2. | c2—c4 | c7—c6 |
| 3. | Sg1—f3 | Sg8—f6 |
| 4. | e2—e3 | g7—g6 |
| 5. | Sb1—c3 | Lf8—g7 |
| 6. | Lf1—d3 | 0—0 |
| 7. | 0—0 | Sb8—d7 |
| 8. | b2—b3 | .... |

Dieser Zug läßt den Springer ohne Deckung und gibt so dem Schwarzen Gelegenheit zu einem Manöver, auf das die von ihm gewählte Variante abzielt. Die richtige Fortsetzung ist 8. cd5:, cd5: 9. Db3, wonach die schwarze Stellung keineswegs erfreulich ist.

| | | |
|---|---|---|
| 8. | .... | e7—e5 |

| | | |
|---|---|---|
| 9. | Sf3—e5: | Sd7—e5: |
| 10. | d4—e5: | Sf6—g4 |
| 11. | f2—f4 | Dd8—h4 |
| 12. | h2—h3 | Sg4—e5: |
| 13. | f4—e5: | Lg7—e5: |
| 14. | Dd1—c2 | Dh4—g3 |
| 15. | Lc1—b2 | Lc8—h3: |

Schwarz hat einen siegbringenden Angriff.

**Nr. 207**

Starke Punkte sind ebenso bedeutungsvoll wie schwache Felder.

Wir dürfen nicht schwache Punkte in der eigenen Stellung schaffen und wir dürfen nicht zulassen, daß der Gegner für seine Figuren starke Felder gewinnt. Eine auf einem starken Felde stehende Figur ist dann besonders wirksam, wenn sie durch einen Bauernangriff nicht vertrieben werden kann. Deshalb müssen wir nach Besetzung eines starken Punktes auf Angriffe durch feindliche Bauern scharf achten.

(Königsindische Verteidigung.)

1. d2—d4 Sg8—f6
2. c2—c4 g7—g6
3. Sb1—c3 Lf8—g7
4. e2—e4 d7—d6
5. Lf1—e2 0—0
6. Lc1—e3 Sb8—d7
7. h2—h3 e7—e5
8. d4—d5 Sd7—c5

Wegen der Bedrohung des Bauern e4 hat Weiß nun keine Zeit zu b4. Schwarz kann mit 9. ...., a5 fortsetzen und auf absehbare Zeit verhindern, daß sein Springer aus der günstigen Stellung verjagt wird.

**Nr. 208**

Um gewisse Vorteile, wie z. B. starke Punkte, ein starkes Zentrum oder die „Zentralisation" der eigenen Figuren zu erlangen, ist es häufig ratsam, vielleicht nur vorübergehend einen Bauern zu opfern.

(Französische Partie.)

1. e2—e4 e7—e6
2. d2—d4 d7—d5
3. Sb1—c3 Lf8—b4
4. Sg1—e2 d5—e4:
5. a2—a3 Lb4—c3†
6. Se2—c3:.

Weiß wird mit 7. Se4: fortsetzen, denn Schwarz kann nicht gut den Bauern mit 6. ...., f5 verteidigen, weil Weiß dann 7. f3 mit starkem Angriff antwortet.

50. Frage. Ist das zeitweilige Bauernopfer des Weißen korrekt oder kann es widerlegt werden?

**Nr. 209**

Um einen erheblichen Vorteil an Stellung zu erlangen, kann man oft totes Material opfern. In der Eröffnung sind die Opfer gewöhnlich von kombinatorischem Charakter; es gibt aber auch Positionsopfer, wie z. B. das folgende, in welchem Schwarz einen Flügelbauern opfert, um ein mächtiges Zentrum zu erlangen.

(Blumenfeld-Gambit.)

1. d2—d4 Sg8—f6
2. Sg1—f3 e7—e6
3. c2—c4 c7—c5
4. d4—d5 b7—b5
5. d5—e6: f7—e6:
6. c4—b5: d7—d5

Die starke Bauernmitte ermöglicht es dem Schwarzen, seine Figuren rasch auf wirksame Felder zu entwickeln.

**Nr. 210**

Es ist stets ratsam, einen Bauern zu opfern, wenn man dadurch die Entwicklung des Gegners wirksam behindern kann. Das Fehlen des Bauern wird erst verspürt werden, wenn das Endspiel erreicht ist, vorher kommt indessen das Mittelspiel und da sind die Figuren ausschlaggebend. Derjenige Spieler, welcher sie besser entwickelt hat, hat auch die besseren Aussichten. Im folgenden Beispiel hat Schwarz eine Stellung ohne Schwächen, aber seine Entwicklung ist rückständig und dies genügt zum Verlust der Partie.

(Vierspringerspiel.)

1. e2—e4 e7—e5
2. Sg1—f3 Sb8—c6
3. Sb1—c3 Sg8—f6
4. Lf1—b5 Sc6—d4
5. Sf3—d4: e5—d4:
6. e4—e5 d4—c3:
7. e5—f6: c3—d2†?

Dieser naheliegende Zug, der einen Bauern gewinnt, führt zu einer verlorenen Stellung des Schwarzen.

8. Lc1—d2: Dd8—f6:
9. 0—0 Lf8—e7
10. Tf1—e1 0—0
11. Ld2—c3.

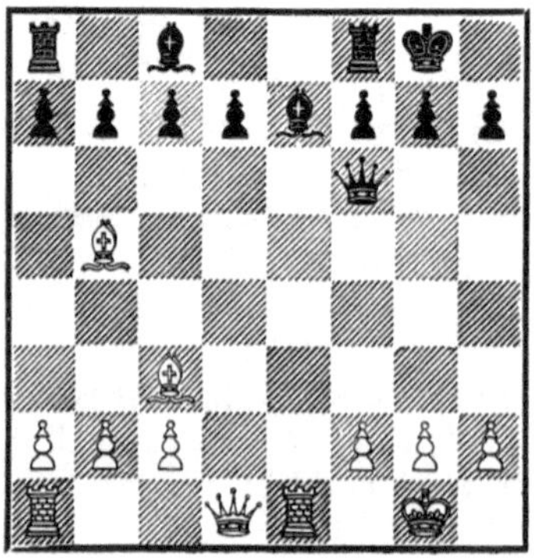

Eine fesselnde Stellung. Schwarz hat im Wesen nur drei Gegenzüge, und zwar:

I. 11. ...., Db6 12. Te7:, Db5: 13. Dg4, g6 14. Dd4, f6 15. Tae1 und Weiß gewinnt.

II. 11. .... Dg5 12. Te5, f5 13. f4, Df6 14. Lc4†, Kh8 15. Dh5, d6 16. Te3, Dh4 17. Tg3! und Weiß setzt bald matt.

III. 11. ...., Dd6 12. Dg4 mit Vorteil für Weiß. Auf 12. ...., Lf6 folgt 13. Tad1.

**Nr. 211**

Es ist nicht immer leicht, einen Entwicklungsvorteil richtig einzuschätzen. So scheint es von großer Bedeutung zu sein, den Gegner an der Rochade zu hindern und so ist es auch — diese Tatsache ist aber nicht immer ausschlaggebend. Die sich ergebende Stellung muß in jedem einzelnen Falle gründlich geprüft werden. In diesem Beispiel verdirbt Weiß dem Gegner die Rochade, aber Schwarz erlangt das überlegene Spiel.

(Vierspringerspiel.)

1. e2—e4 e7—e5
2. Sg1—f3 Sb8—c6
3. Sb1—c3 Sg8—f6
4. Lf1—c4 ....

Ein ungebräuchlicher Zug; die Eröffnung geht nun in die Preußische Partie mit der Fortsetzung 4. Sc3 über.

4. Sf6—e4:!

5. Lc4—f7⁜ ....

Nach 5. Se4:, d5 6. Ld3, f5 hat Weiß ein schwieriges Spiel. Das Schlagen auf f7 ist indessen zweifellos verfehlt.

5. .... Ke8—f7:
6. Sc3—e4: d7—d5
7. Se4—g5† Kf7—g8
8. d2—d3 h7—h6
9. Sg5—h3 Lc8—g4

Es ist leicht zu sehen, daß Schwarz durch den Verlust der Rochade keinen Schaden erlitten hat. Sein Läuferpaar, seine freie Stellung und seine starken Mittelbauern sichern ihm das weit bessere Spiel.

**Nr. 212**

Wir wissen, daß ein Läufer oder ein Turm zur Entfaltung seiner vollen Höchstkraft eine offene Wirkungslinie besitzen muß. Wir müssen daher für unsere Figuren Linien öffnen, aber nur dann, wenn wir diese Linien beherrschen können; wenn nicht, hätten wir sie lieber geschlossen lassen sollen. Dieses Beispiel zeigt die Gefahren der Preisgabe einer offenen Linie.

(Vierspringerspiel.)

1. e2—e4 e7—e5
2. Sg1—f3 Sb8—c6
3. Sb1—c3 Sg8—f6
4. Lf1—b5 Lf8—b4
5. 0—0 0—0
6. d2—d3 d7—d6
7. Lc1—g5 Lb4—c3:
8. b2—c3: Sc6—e7
9. Lg5—f6: g7—f6:
10. Sf3—h4 Se7—g6
11. Sh4—g6: h7—g6:
12. f2—f4 c7—c6
13. Lb5—c4 d6—d5
14. Lc4—b3 d5—e4:?

Ein schwerer Urteilsfehler; die offene d-Linie muß dem Weißen zugute kommen, weil er besser entwickelt ist.

15. d3—e4: Dd8—d1:
16. Ta1—d1: e5—f4:
17. Tf1—f4: Lc8—e6

Daß Schwarz ein Bauernopfer anbietet, läßt erkennen, daß er seinen Fehler eingesehen hat. Aber dem Weißen ist die offene d-Linie mehr als ein Bauer wert.

18. Lb3—e6: f7—e6:
19. e4—e5 f6—e5:
20. Tf4—f8⁜ Ta8—f8:
21. Td1—d7 ....

21. .... Tf8—f7
22. Td7—f7: ....

In der Erkenntnis, daß das Bauernendspiel für Weiß gewonnen ist.

22. .... Kg8—f7:
23. h2—h4! Kf7—f6

Schwarz ist ohne Rettung. Sein Doppelbauer auf der e-Linie ist weniger wert als der weiße h-Bauer.

24. g2—g4 e5—e4
25. Kg1—f2 e6—e5
26. Kf2—e3 und gewinnt.

## Antworten auf Fragen

**Nr. 1** (S. 16). Mit 9. ...., Sd4: 10. Le7:, Dc8 kann Schwarz sofortigen Verlust vermeiden, allerdings steht Weiß nach 11. Lf6!, Se6 12. Lg7:, Sg7: 13. Dd4 weit überlegen.

**Nr. 2** (S. 18). In der Breslauer Variante kann Weiß entweder das angebotene Opfer mit 13. Lf4 ablehnen (z. B. 13. ...., Sc4 14. Ld6:, Sed6: 15. Te6:, fe6: 16. Se6:, Df6 17. Sf8:, Tf8: 18. Dd5†, Kh8 19. Sd2 usw.) oder es annehmen mit der Folge: 13. fe4:, Lg4 14. Dd2, Dh4 15. h3 (15. g3 ist schwächer) mit ungefährem Ausgleich. Wenn 15. ...., Sd3, dann 16. Te3; wenn 15. ...., c5, so 16. Df2; wenn endlich 15. ...., Ld7, dann 16. Ld5:.

**Nr. 3** (S. 19). Die richtige Verteidigung ist 9. ...., Sd4: 10. Sd4: ed4: 11. Dd4:, c6. Falsch wäre dagegen 9. ...., Lg4 10. La4, Df6 11. de5:, De6 wegen der Antwort 12. Sd4!

**Nr. 4** (S. 21). Statt des Bauernraubes 13. Se5:? sollte Weiß entweder 13. Lb3 oder 13. Sg5 ziehen, nicht aber 13. Se4?, weil Schwarz mit 13. ...., Se4: 14. de4:, Lc4 die Qualität gewinnt.

**Nr. 5** (S. 22). Weiß zieht 9. Sb4:, Sb5: 10. Sd5, Sd4 11. Dd2!, Dd7? 12. Lf6:, Lf3: und nun findet die Symmetrie ihr Ende: 13. Se7†, Kh8 14. Lg7†, Kg7: 15. Dg5†, Kh8 16. Df6‡.

**Nr. 6** (S. 29). 9. ...., Lf6 führt auf folgende Art wahrscheinlich zu einem Remis durch ewiges Schach: 10. Te1, Se7 11. Te4:, d6 12. Lg5, Lg5: 13. Sg5:, 0—0 (nicht Lf5 wegen 14. Df3) 14. Sh7:, Kh7: 15. Dh5†, Kg8 16. Th4, f5 usw.

**Nr. 7** (S. 30). Auf 10. ...., d5 lautet die zu ungefähr gleichem Spiel führende Fortsetzung: 11. Ld5: (wenn statt dessen 11. Dc3:, so 11. ...., dc4: 12. d5, Se7 13. Te1, 0—0 14. La3, Sd5: 15. Dc4:, Sb6 16. De2, c6) 11. ...., 0—0 12. Lf7†, Kh8 13. Dc3:, Tf7: 14. Se5, Se5: 15. de5:, Le6 usw.

**Nr. 8** (S. 32). Auf 16. Td6: folgt am stärksten 16. ...., Sf3† 17. Df3:, Df3: 18. Td8†, Td8: 19. gf3:, dc2: 20. Lc1, Td1†. Die weißen Figuren können nicht ziehen und Schwarz gewinnt durch sein Bauernübergewicht am Damenflügel.

**Nr. 9** (S. 35). Geschieht statt des richtigen Zuges 5. Le3 zuerst 5. c3, so antwortet Schwarz günstig 5. ...., De7.

**Nr. 10** (S. 35). Die Dame muß nach e7 zurückgehen. 9. Sc4 kann dann mit 9. ...., d6 und 9. b4 mit 9. ...., a6 beantwortet werden.

**Nr. 11** (S. 37). Mit 9. Lc4 kann Weiß annähernd gleiches Spiel erlangen, z. B.: 9. ...., Df5 10. 0—0, Td8 11. d4, ed3: 12. Ld3:, Dc5† 13. Kh1, Kc8 14. Dc2.

**Nr. 12** (S. 41). In einer Partie Rellstab—Tylor, Hastings 1929/30, wurde folgendermaßen fortgesetzt: 10. ...., f6 11. De2, Df7 12. Lc4, b5 13. Lb3, b4 14. Se4, La6 15. De3, Sd7 16. Le6:, De6: 17. Sf6‡, Kf7 18. Td7‡, Le7 19. Se5† und Schwarz gab auf.

**Nr. 13** (S. 42). Zunächst muß Schwarz 11. ...., Sd7 ziehen, um mit c5 zur Rochade zu gelangen. Wenn darauf 12. Ld6 geschieht, folgt Sf8 mit der weiteren Absicht Le6, Kd7, Tae8 usw. Wenn es dem Schwarzen gelingt zu rochieren, sollte er nicht davor zurückschrecken, die Qualität wieder preiszugeben.

**Nr. 14** (S. 43). Schwarz kann wohl ein Remis erzwingen, nicht aber unmittelbaren Gewinn, z. B.: 11. ...., Sd4 12. Ld5:, Lb4 13. Te1, 0—0—0 (auf Df4† 14. Te3, Sf5 folgt 15. Df3) 14. Lh1, The8 usw.

**Nr. 15** (S. 49). Mit 15. ...., De8 kann sich Schwarz noch einige Zeit über Wasser halten. Auf 16. 0—0—0 (nicht 16. h5, Ld8 und Schwarz erzwingt Damentausch) folgt 16. ...., Dg6 17. Df4, Tf8.

**Nr. 16** (S. 53). Auf 15. ...., de4: kann folgen 16. Se4:, S8d7 17. Dc3, De7 18. Sf6†, Kf8 (oder Sf6: 19. ef6:, Df8 20. Dc7, Sd7 21. Sd5! und gewinnt). 19. Sh7‡, Kg7 20. Sh5†!, gh5: 21. Dg3†, Kh6 22. Th5‡ nebst Matt.

**Nr. 17** (S. 54). Der beste Zug für Schwarz ist 8. ...., Sg6, z. B. 9. Sdb5, Sa6 10. h4, Lc5 oder f6.

**Nr. 18** (S. 55). Eine in Warschau gespielte Partie nahm nach 12. ...., Sf8 folgenden schönen Verlauf: 13. Te6:!, Se6: 14. Lc4, Dd6 15. Lh6, Lf8 16. Te1, Lc8 17. De8, Ld7 18. Te6:, Te8: 19. Te8‡, Le6 20. Le6‡, De6: 21. Tf8: matt.

**Nr. 19** (S. 58). Auf 7. ...., Db2: opfert Weiß mit 8. Lc4! beide Türme und fällt dann über den schutzlosen schwarzen König her, z. B.: 8. ...., Da1‡ 9. Ke2, Dh1: 10. Df7‡, Kd7 11. Sc5†, Kc7 12. Se6† und gewinnt.

**Nr. 20** (S. 60). Der Berliner Meister Koch hat auf 6. ...., Se4 folgende Opferwendung zum Vorteil von Weiß ausgeführt: 7. Dg4, Sc3: 8. Dg7:, Tf8 9. a3!. Als Beispiel: 9. ...., Da5 10. Sb3, Dd5 11. Ld3, Sa2† 12. ab4:, Sc1: 13. Tc1:, Sc6 14. f4, Sd4? 15. c4 und gewinnt.

**Nr. 21** (S. 61). Schwarz kann darauf mit 14. ...., Sg4: fortsetzen, z. B.: 15. Lg4:, Lg4: 16. Dg4:, Sc2‡ 17. Ke2, Sa1: 18. Ta1:, Lc3: 19. bc3:, Dd5: und Schwarz hat Turm und zwei Bauern gegen zwei leichte Figuren.

**Nr. 22** (S. 62). Auf 13. ...., g6 muß Weiß 14. Sc3! ziehen. Schwarz darf dann den Lg5 nicht schlagen, weil Weiß 15. Sd5: antwortet und hiermit 16. Sc7‡, aber auch 16. Db5† droht.

**Nr. 23** (S. 63). Weiß antwortet mit 7. Df3, f6 8. Sb5:, fe5: 9. Dd5:, Dd5: 10. Sc7† nebst Sd5:.

**Nr. 24** (S. 65). Auf 4. ...., Sc6? gewinnt Weiß mit 5. d5, Se5: 6. c5, Sbc4 7. f4 einen Springer.

**Nr. 25** (S. 66). Schwarz wird auf 7. Sa3 mit 7. ...., b5! fortsetzen, z. B. 8. cb5:, Dd5: 9. bc6:, De4†! oder 8. Db5:, Tb8 9. Da4, e6 10. dc6:?, Sd3†.

**Nr. 26** (S. 68). Auf 9. d5 folgt 9. ...., e5, z. B.: 10. e4, Lc5 11. d6, Dd6: 12. Db7: (oder 12. Da5, Lb4†), 12. ...., Lb4† und Matt im nächsten Zuge.

**Nr. 27** (S. 72). Weiß spielt am besten 11. Sh4, Le4 12. f3, Ld5 13. Sf5, Le6 14. Se7‡, De7: 15. e4!; auf 15. ...., Sd7 folgt 16. b3 und Schwarz kann den Bauer c5 nicht gut schlagen; auf 15. ...., Lc4 folgt 16. Lf4!, Lf1: 17. Ld6 nebst Df1:. Sehr gut ist auch im 11. Zuge Se1.

**Nr. 28** (S. 74). Schwarz bietet am besten mit 9. ...., c5 ein Bauernopfer an und erhält bei der Annahme 10. Dc6, Tb8 11. Sd5: mit 11. ...., Sd5: 12. Dd5:, Lb7 13. Le7:, De7: ein vorzügliches Spiel.

**Nr. 29** (S. 75). Nachteilig für Schwarz ist auch 17. ...., Df6: wegen 18. Dh5, Dd6? 19. Df7‡, Kh8 20. Td3 und Weiß gewinnt. Erzwungen ist die Aufreißung 17. ...., gf6:.

**Nr. 30** (S. 79). Schwarz wird mit 16. ...., Dc5 fortsetzen, z. B.: 17. Le6: (besser ist 17. Kf2), De3‡ 18. Kd1, Dd3† 19. Ke1, De4†! 20. Kf1 (auf 20. Kd1 folgt Td8†), fe6‡ 21. Lf2, Tf2‡ 22. Kf2:, Tf8† nebst baldigem Matt.

**Nr. 31** (S. 81). In einer Turnierpartie Capablancas aus Moskau 1935 folgte: 18. Tc5:, Lc5: 19. Lg5, h6 20. Sg4, Le7 21. Lf6:, gf6: (oder Lf6: 22. Sh6‡ usw.) 22. Sh6‡, Kg7 23. Dg4†!, Kh8 24. Dh5, Kg7 25. Sf7:, Th8 26. Dg6† und Schwarz gab auf.

**Nr. 32** (S. 82). 8. Da4† führt zu einem sehr verwickelten und fallenreichen Spiel: 8. ...., Sc6 9. 0—0—0, Ld7 10. Se4, Le7 11. ef6:, gf6: 12. Lh4, und wenn jetzt 12. ...., Sb4, dann 13. Db4:!, Lb4: 14. Sf6‡, Kf8 15. Td4:; die leichten Figuren des Weißen sind stärker als die schwarze Dame. Dr. Euwe zog deshalb im Avro-Turnier 1938 im 12. Zuge besser Tc8.

**Nr. 33** (S. 84). Weiß zieht 9. Dd1!, z. B.: 9. ...., e6 10. Se5, Dd5 11. Ld2, Se4 12. Df3, f6 13. Sc4:! Nach dem Falle des Bauern c4 wird auch der schwarze Bauer b3 schwach.

**Nr. 34** (S. 85). In einer Partie Petrow—Capablanca des Semmering-Turniers 1937 folgte 11. e4!, Se4: 12. Se4:, Le4: 13. Sd6†, Ld6: 14. ed6:, Dd6: 15. La6: und das Spiel endete nach 15. ...., ba6: (aussichtsreicher ist Lg2:!) bald mit Remis.

**Nr. 35** (S. 86). Auf 13. ...., Tfd8 kann Weiß mit 14. b4! den Mehrbauern behaupten, weil 14. ...., Lb4:? an 15. Sc6: scheitert und 14. ...., Sb4:? wegen 15. Ld2, Dc5: 16. Sb3 schlecht ist.

**Nr. 36** (S. 88). Schlägt Schwarz den Turm, so folgt: 15. ...., fe6: 16. Dd3†, Kf6 oder Kh5 17. Df3† usw. In der Turnierpartie Colle—O'Hanlon aus Nizza 1930 zog Schwarz 15. ....., Sf6 und es kam weiter: 16. h5†!, Kh6 17. Td6:, Da5 18. Sf7‡, Kh7 19. Sg5†, Kg8 20. Db3†. Schwarz gab auf.

**Nr. 37** (S. 91). Schwarz beantwortet 12. fe4: günstig mit 12. ...., Sg4, z. B. mit der Folge: 13. e5, Dh6 14. h3, Se3 oder 13. Dd2, de4: 14. Le4:, Sh2:! 15. Kh2:, Dh4† usw.

**Nr. 38** (S. 92). Eine Partie Dr. Tartakower—Mieses des Turniers von Baden-Baden 1925 nahm nach 10. ...., c6 folgenden Ablauf: 11. Le5, Lg7 12. Dg3, Sa6 13. 0—0, Ld7 14. Ld6, Dd8 15. Df4 und Schwarz gab auf.

**Nr. 39** (S. 94). Der Grundgedanke der Grünfeld-Verteidigung ist gleichfalls Angriff auf das weiße Zentrum. Auf 4. cd5:, Sd5: 5. e4 führt Schwarz seinen Plan wie folgt durch: 5. ...., Sc3: 6. bc3:, Lg7 7. Sf3, c5 8. Le2, 0—0 cd4: 10. cd4:, Sc6.

**Nr. 40** (S. 95). Die richtige Fortsetzung wird in der Partie zwischen Marshall und Maróczy aus dem New-Yorker Turnier 1924 gezeigt: 9. ...., de5: 10. Le5:, Se5: 11. de5:, e6 12. De3, Dd4! und Schwarz steht vorzüglich.

**Nr. 41** (S. 98). Wenn Weiß ohne Vorbereitung 14. Sg6†, fg6: 15. h3 spielt, kann Schwarz mit 15. ...., Sb4! seine Dame retten.

**Nr. 42** (S. 98). Mit dem sofortigen Schlagen 12. Se6‡ fällt Weiß herein. Es folgt 12. ...., De6: 13. De6:, Lg2: 14. Tg1, Te8: und Weiß muß die Dame zurückgeben, weil er sonst mattgesetzt wird.

**Nr. 43** (S. 101). In der Entscheidungspartie des letzten Weltmeisterschaftskampfes zwischen Dr. Euwe und Dr. Aljechin (1937) geschah auf 11. bc5: weiter 11. ...., dc3: 12. Dc2, Da5 13. Tb1, Ld7 14. Tb3?, La4 15. Dc3:, Dd8! und Schwarz gewinnt die Qualität.

**Nr. 44** (S. 102). Die theoretische Fortsetzung ist 7. . . . . , c5 8. dc5:, Sc6 9. e3, Da5† 10. Ld2, Sd2: 11. Dd2:, dc4: 12. Lc4:, Dc5: mit ungefähr gleichem Spiel.

**Nr. 45** (S. 104). Auf 11. . . . . , Dd8 kam es in der Turnierpartie zwischen Grünfeld und Bogoljubow, Wien 1922, zu folgendem Schlußspiel: 12. de6:!, de6: 13. Le4, Dd1 ‡ 14. Td1:, Tb8 15. Lc6†, Ke7 16. Sa7:, g5 17. Lb5, Lg7 18. Sc6† nebst Matt.

**Nr. 46** (S. 105). Die Folge von 6. Sc3 wäre: 6. . . . . , De7 7. Dd5, Lc3 ‡ 8. bc3:, Da3 und falls 9. Tc1, so 9. . . . . , f6! Schwarz hat für den geopferten Bauern guten Angriff.

**Nr. 47** (S. 105). Nach 7. . . . . , Sh4? folgt 8. Sg5 und das schwarze Pferd hat sich verirrt, Weiß droht 9. Dh5 oder Dg4. Am besten zieht Schwarz 7. . . . . , Se7, er steht allerdings nicht mehr gut.

**Nr. 48** (S. 107). Zur Aufhebung der Fesselung geschieht nach 6. Lg5, h6 7. Lh4 am besten 7. . . . . , Lc3 ‡ 8. bc3:, Se5 9. e3, Sg6. Ein gewaltsames Mittel wäre hingegen falsch, und zwar scheitert 7. . . . . , Se4? 8. Ld8:, Sc3: an 9. Sc6:! (Damenzüge sind verfehlt, z. B. 9. Db3, Sd4: oder 9. Dd3, Se4†), 9. . . . . , Sd1 ‡ 10. Sb4:. Weiß behält eine Figur mehr.

**Nr. 49** (S. 114). Die Deckung des Punktes c3 bereitet dem Weißen Schwierigkeiten, z. B. 8. Dc2, dc4: 9. Lc4:, Sb6 10. Ld3 (nicht 10. Lb3 wegen c4) 10. . . . . , Sfd5 usw. Am besten opfert Weiß einen Bauern und zieht 8. 0—0.

**Nr. 50** (S. 117). Mit dem Zuge 6. . . . . , Sc6 kann Schwarz den Mehrbauern behaupten, wie der russische Meister Kan gefunden hat. Es folgt z. B.: 7. Lb5 (falls 7. Le3, so Sf6), 7. . . . . , Sge7 8. Le3 (oder 8. Se4:, Dd5 9. Dd3, f5 und Schwarz gewinnt den g-Bauern) 8. . . . . , 0—0 9. Dd2, f5.

FSC
www.fsc.org
MIX
Papier | Fördert
gute Waldnutzung
FSC® C083411

Zeitfracht Medien GmbH
Ferdinand-Jühlke-Straße 7
99095 Erfurt, Deutschland
produktsicherheit@kolibri360.de